Welt der Zahl

4

Herausgegeben von
Prof. Dr. Hans-Dieter Rinkens
Kurt Hönisch

Bearbeitet von
Kurt Hönisch, Kordula Knapstein, Michaela Leibetseder, Claudia Neuburg,
Prof. Dr. Hans-Dieter Rinkens, Günter Schmitz, Gerhild Träger

Die Länderausgabe wurde erarbeitet von
Walter Bromm, Ilona Gabler, Margitta Hirschfelder, Kurt Hönisch, Sybille Huber,
Margitta Kaubitzsch, Rica Mendler, Antje Nicklitzsch, Rosemarie Reiß, Renate Schmidt
und Prof. Bernd Wurl

Unter Beratung von
Sybille Behrisch, Birgit Krüger, Hella Reitzenstein

Schroedel

Inhaltsverzeichnis

Wiederholung und Vertiefung

1 An meinem Fahrrad ist alles dran,
damit so leicht nichts passieren kann.
Wenn ich mich auf meinen a) Sattel schwing',
ist so ein Fahrrad ein starkes Ding.

Ich hab' ne b) Klingel am Lenker vorn.
Und nebenan ist meine c) Handbremse,
und die bremst ganz enorm.
Ich hab' ne d) Lampe, die scheint voran,
und mit dem roten e) _____ hinten
sieht mich sicher jedermann.

An meinem Fahrrad …

1

a) 742 + 8
745 + 8
376 + 5
372 + 9
567 + 7
569 + 7

b) 404 − 8
584 − 8
783 − 4
585 − 6
400 − 9
580 − 6
583 − 7

c) 751 + 200
723 + 30
300 + 279
911 + 60
510 + 25
400 + 335
317 + 600
649 + 30
620 + 77
890 + 27

d) 976 − 400
803 − 50
700 − 21
800 − 31
874 − 300

e) 719 + 16
917 + 24
36 + 631
48 + 348
638 + 38
728 + 51
639 + 28
922 + 29
49 + 332

O 938, F 937, U 927, E 917, I 779, Z 773, P 769, A 753, S 750, A 573, B 535, K 396, T 381, G 391, E 574, L 576, N 579, C 667, L 676, M 679, S 697, R 735

2 Mein a) _____, das strahlt zurück,
auch an den Füßen, die b) _____ leuchten auf
beim ersten Blick.
In meinen c) _____ ist etwas drin:
Vier d) _____ blinken gelb,
damit ich gut zu sehen bin.

An meinem Fahrrad …

3 Zwei große a) _____, die leuchten hell
nach vorne weiß, nach hinten rot,
ja, da sieht wirklich jeder schnell.
Und weil die Technik mir sonst nichts nützt,
fahr' ich so sicher, wie ich kann,
und bin mit einem b) _____ geschützt.

An meinem Fahrrad …

4 Ein Polizist denkt: „Da fehlt noch was!"
Doch wenn ich mit dem _____ bremse,
bleib ich steh'n und er wird blass.

An meinem Fahrrad …

2

a)
410 − 14
782 − 29
400 − 19
796 − 23
996 − 79
591 − 12
600 − 27
963 − 36
402 − 11
601 − 27

b)
469 + 300
200 + 374
400 + 571
353 + 400
376 + 300
200 + 717

c)
950 − 200
869 − 100
974 − 400
979 − 200
867 − 200
1051 − 100
1017 − 100
1079 − 500

d)
400 + 300 + 35
100 + 74 + 400
37 + 600 + 300
100 + 400 + 76
500 + 400 + 17
0 + 96 + 300
300 + 81 + 0
38 + 200 + 700
35 + 200 + 500
74 + 500 + 0
0 + 500 + 79

3

a)
900 − 100 − 50
500 − 100 − 19
1000 − 200 − 65
900 − 47 − 100
1000 − 0 − 49
800 − 24 − 200
1000 − 53 − 30
900 − 100 − 65

b)
411 + 540
305 + 612
323 + 253
355 + 324

4

950 − 215
1000 − 59
889 − 222
504 − 108
690 − 309
955 − 220
889 − 110
441 − 60
591 − 210

Eine Zahl der Neunziger-Reihe fehlt. Findest du ein Zahlenrätsel dazu?

g) Meine Zahl ist um 140 kleiner als 500.

h) Meine Zahl ist halb so groß wie 1080.

i) Wenn du von meiner Zahl 130 subtrahierst, erhältst du 500.

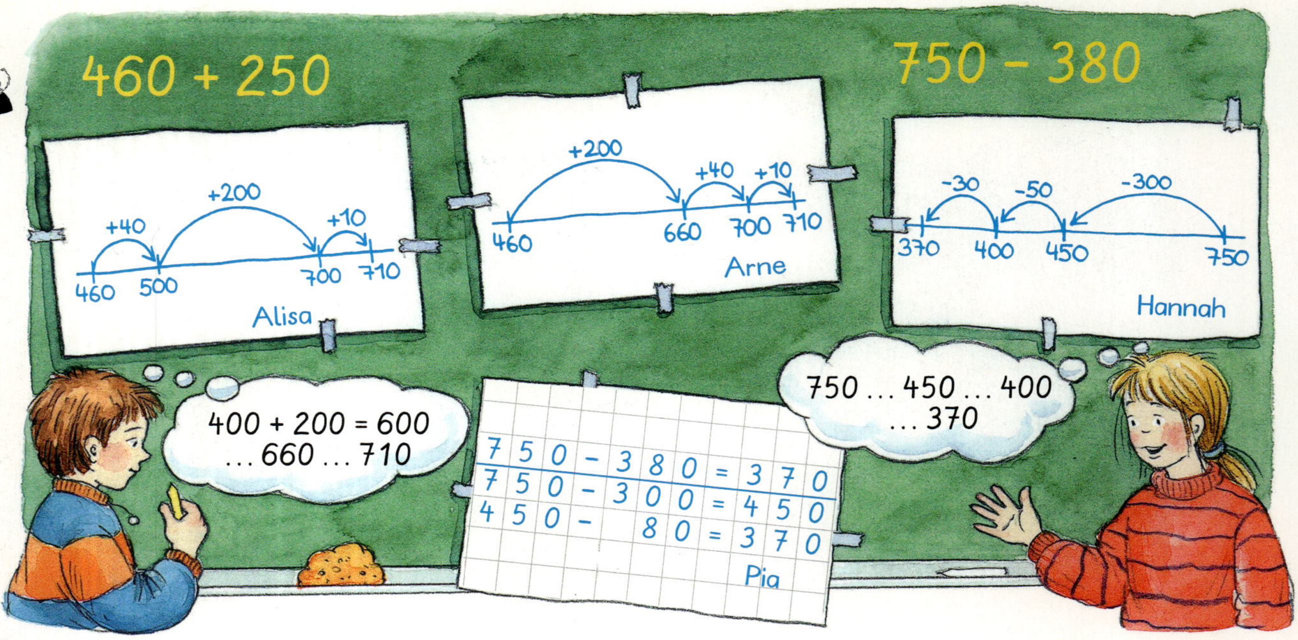

1 Wie rechnest du?

a) 730 − 360
730 − 450
730 − 280

b) 960 − 820
960 − 390
960 − 460

c) 810 − 370
630 − 370
700 − 370

d) 680 + 250
370 + 250
490 + 250

e) 460 + 480
710 − 290
900 − 440

140 260 280 330 370 420 440 450 460 500 570 620 670 740 930 940

2 a) Alle Ergebnisse haben die Quersumme 10.

1000 | 910 | 820 | − | 90 | 270 | 540

b) Alle Ergebnisse haben die Quersumme 9.

1000 | 730 | 460 | − | 280 | 100 | 190

3 a)
630 − 70
630 − 72
630 − 75
630 − 78

b)
540 − 80
540 − 84
540 − 87
540 − 83

c)
720 − 60
723 − 60
726 − 60
729 − 60

d)
450 − 90
456 − 90
451 − 90
455 − 90

4 a) 435 − 70
437 − 70
439 − 70

b) 721 − 50
724 − 50
726 − 50

c) 510 − 33
510 − 39
510 − 36

d) 840 − 82
840 − 88
840 − 85

e) 600 − 61
600 − 67
600 − 69

365 367 369 471 474 477 531 533 539 671 674 676 752 755 758 774

5

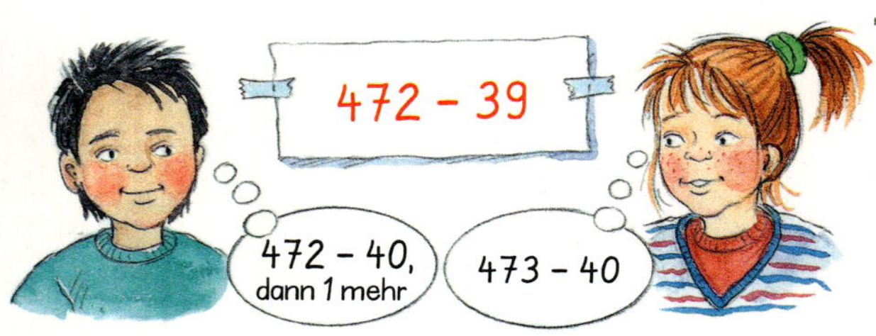

a) 472 − 39
586 − 59
791 + 69
643 + 29

b) 640 + 299
502 − 399
800 − 499
255 + 399

c) 620 + 59
803 − 79
656 + 99
722 − 49

103 301 433 527 654 672 673 679 721 724 755 860 939

6 a) Dennis und Tom sparen für ein neues Fahrrad. Es kostet 342 €. Dennis hat schon 139 € gespart. Sein Freund Tom hat schon doppelt so viel Geld.

b) Dennis bekommt zum Geburtstag 50 €, Tom bekommt 40 € geschenkt.

1

2 Im Kopf oder schriftlich? Achte auch auf Wecker-Aufgaben.

a) 300 + 275
159 + 478
385 + 315

b) 371 + 459
605 + 260
482 + 499

c) 205 + 65 + 507
336 + 380 + 267
203 + 260 + 209

d) 217 + 358 + 55 + 179
120 + 95 + 580 + 205
456 + 330 + 170 + 44

575 637 672 675 700 777 809 830 865 981 983 1000 1000

3

a)	b)	c)	d)	e)
3 2 □	□ 4 □	1 7 □	2 7 8	3 0 3
+ 2 3 0	+ 3 0 6	+ □ 2 1	+ □ 6 □	+ □ □ □
+ □ 4 7	+ 2 1 0	+ 2 1 3	+ 4 0 5	+ 4 4 4
7 □ 8	8 □ 4	7 □ 8	9 □ 0	1 0 4 3

4 In jedem Päckchen sind drei Ergebnisse falsch. Du findest sie durch den Überschlag. Rechne nur die Aufgaben, deren Ergebnis falsch ist.

a) 286 + 517 = 803
419 + 396 = 715
324 + 278 = 602
486 + 496 = 882
218 + 281 = 599

Ü: 300 + 500 = 800
286 + 517 = 803
könnte richtig sein.

b) 277 + 415 + 93 = 885
589 + 205 + 197 = 991
462 + 209 + 188 = 809
158 + 538 + 287 = 983
277 + 282 + 236 = 725

5 Alle vier Ergebnisse zusammen ergeben 20 €.

a) 2,68 € | 1,97 € + 4,59 € | 0,76 €

b) 3,39 € | 0,84 € + 2,77 € | 3 €

6 Löse die Gleichungen oder Ungleichungen.

a) 142 + x < 145
358 + y < 364
499 + z < 507

b) 608 + u < 613
507 + v < 510
319 + w < 321

c) 248 + a < 249
347 + b < 350
793 + c < 799

d) 314 + a = 374
496 + b = 606
783 + c = 900

7 Besondere Zahlen im Ergebnis.

a) *Addiere 186 und 357. Zur Summe addiere noch 234.*

b) *Addiere das Doppelte von 243 zu der Zahl 513.*

c) *Addiere die Hälfte von 268 zu der Zahl 532.*

d) *Addiere zu 263 die Summe von 379 und 246.*

1

a) 961 − 354 b) 632 − 75 c) 794 − 216 d) 922 − 304 e) 905 − 318 f) 775 − 179

557 578 587 588 596 607 618

2 Im Kopf oder schriftlich? Wie geht es schneller? Achte auch auf Wecker-Aufgaben.

a)	b)	c)
591 − 200	701 − 206	574 − 234
889 − 620	912 − 413	880 − 367
487 − 359	648 − 369	764 − 139
735 − 390	815 − 374	608 − 368
600 − 435	872 − 269	790 − 287

128 165 240 269 279 340 345 391 441 495 499 503 513 587 603 625

3

a) □29 − 3□5 = 48□

b) 7□□ − □72 = 346

c) 8□4 − 43□ = □33

d) 9□2 − □36 = 44□

e) 734 − □□8 = 47□

4 In jedem Päckchen sind drei Ergebnisse falsch. Du findest sie durch den Überschlag.
Rechne nur die Aufgaben, deren Ergebnis falsch ist.

a) 708 − 296 = 412
689 − 203 = 416
811 − 687 = 224
906 − 579 = 327
413 − 188 = 125

Ü: 700 − 300 = 400
708 − 296 = 412
könnte richtig sein.

b) 709 − 384 = 425
685 − 278 = 407
892 − 469 = 493
576 − 318 = 158
687 − 478 = 209

5 Alle vier Ergebnisse zusammen ergeben 20 €.

a) 9,49 € | 6,18 € − 3,76 € | 1,91 €

b) 8 € | 4,07 € − 0,98 € | 1,09 €

6 Löse die Gleichungen oder Ungleichungen.

a)	b)	c)	d)
343 − x > 338	304 − a > 301	724 − r > 722	306 − u = 266
192 − y > 186	512 − b > 509	645 − s > 644	718 − v = 507
705 − z > 698	677 − c > 671	901 − t > 896	981 − w = 641

7 Besondere Zahlen im Ergebnis.

a) Subtrahiere von 508 die Zahl 264. Von der Differenz subtrahiere 156.

b) Subtrahiere von der Zahl 335 das Doppelte von 151.

c) Subtrahiere von der Zahl 368 die Hälfte von 648.

d) Subtrahiere von der Zahl 718 die Zahlen 287 und 365.

Die Kinder der Klasse 4a wollen zu Halloween Kostüme basteln.
Lukas und Till wollen sich unbedingt als Dracula verkleiden. Alina möchte lieber als Fledermaus gehen.
Für ein Dracula-Kostüm braucht man 260 cm Stoff, für das Fledermaus-Kostüm kann der Stoff 20 cm kürzer sein.
Die Mutter gibt den Kindern 7,50 m Stoff.

Rechenfrage

1 Zwei der Fragen sind als Rechenfrage geeignet. Welche sind es?
- ⓐ Welches Kostüm würdest du nehmen?
- ⓑ Wann feiern die Kinder?
- ⓒ Wie viel Stoff benötigt man für ein Fledermaus-Kostüm?
- ⓓ Wie viel Stoff bleibt für Alinas Kostüm übrig?
- ⓔ Wie teuer ist ein Kostüm?

Wichtige Angaben

2 Welche Angaben sind für die beiden Fragen wichtig? Schreibe sie auf.

Skizze

3 Zeichne vor dem Rechnen eine Skizze.

Rechnen Lösung prüfen

4 Schreibe unter die Skizze eine passende Rechenaufgabe und löse sie. Prüfe die Lösung nach und vergleiche sie mit deinem Nachbarn.

Antwortsatz schreiben

5 Schreibe zu jeder Rechenfrage einen Antwortsatz.

6 Abends gehen die Kinder mit ihren Freunden durch den Ort und bitten um Naschereien. Lukas hat am Ende 142 Bonbons, Till hat 114 Naschereien und Alina hat sogar 160 Süßigkeiten bekommen. Sie wollen sie gerecht verteilen.

7 Danach treffen sich die Kinder mit 8 Freunden zur Halloween Party.
Es gibt Bratwurst und einen Gruseltrunk.
Um alles einkaufen zu können hatten die Kinder 55 € zur Verfügung. Für jeden waren zwei Würstchen, zwei Brötchen und ein Getränk vorgesehen.
Auch Senf und Ketchup haben sie eingekauft.
Reichte das Geld?

Würstchen	1,00 €
Brötchen	0,25 €
Limo	50 Cent
Senf	0,39 €
Ketchup	1,29 €

1 a) Was kannst du alles im Stadtplan sehen? Erzähle.
b) In welchem Planquadrat liegen die Gebäude?
Dom Post Alte Brücke Stadttor Schloss

2 a) Welches Gebäude liegt westlich des Doms?
b) Welches Gebäude liegt südöstlich von der Post?

3 Von welcher Stelle aus wurden die Fotos gemacht? Schreibe: A von …

1 Adrian fährt mit seinem Fahrrad auf der Schweriner Straße durch das Stadttor bis zur Post. Dort biegt er nach links ein. Auf dem Theaterplatz angekommen, sieht er den Dom und fährt direkt darauf zu.

a) Welche Sehenswürdigkeiten hat er auf seinem Weg auf der rechten Seite gesehen?

b) Welche Sehenswürdigkeiten hat er links gesehen?

2 Nora fährt mit ihrem Fahrrad von der Schweriner Straße zur Alte Brücke und fährt dann in die Neustadt. An der Kreuzkirche biegt sie rechts ab.

a) Durch welche Straßen fährt sie?

b) Welche Sehenswürdigkeiten sieht Nora rechts auf ihrem Weg?

3 Wahr oder falsch? Lies dir die Aussagen durch und schau dir die Bilder und die Stadtkarte an. Dann entscheide.

Adrian

Nora

a) Adrian meint, dass er an der Kreuzkirche vorbeigefahren ist.

b) Nora sagt, dass sie dort vorbeigefahren sei.

c) Adrian sagt, er sei am Museum vorbeigekommen.

d) Nora behauptet, sie sei an der Post vorbeigefahren.

e) Adrian meint, er sei auch dort gewesen.

f) Nora sagt, dass sie das Flussufer sehen konnte.

g) Adrian meint, er hat auch das Flussufer gesehen.

f) Nora sagt, dass sie das Sophienhaus sehen konnte.

g) Adrian fuhr nicht am Schloss vorbei.

h) Nora behauptet, dass sie links die Neue Brücke gesehen hat, als sie über die Alte Brücke gefahren ist.

1 a) 4 | 8 | 10 · 3 | 6 | 60 b) 6 | 7 | 70 · 2 | 5 | 10

2

b)

c)

d)

e)

3

a)

b)

c)

d)

4

8	·	3	6	=	2	8	8
8	·	3	0	=	2	4	0
8	·		6	=		4	8

a) 8 · 36
7 · 53
6 · 47

b) 4 · 65
5 · 84
3 · 92

c) 58 · 7
76 · 4
87 · 9

d) 44 · 8
34 · 7
93 · 3

238 260 276 279 282 288 304 352 371 406 420 473 783

5 Bei den Produkten ist die Quersumme immer 9 oder 18.

a) 3 | 6 | 9 · 72 | 39 | 81 b) 63 | 48 | 54 · 9 | 3 | 6

6

Achte auf Wecker-Aufgaben.

a) 3 · 99
5 · 79
6 · 49

b) 8 · 58
7 · 35
4 · 39

c) 66 · 9
28 · 4
67 · 3

d) 59 · 8
43 · 7
69 · 6

112 156 201 245 294 297 301 395 414 464 472 478 594

7 a)

•	40	7	
8	320	56	376
2			

b)

•	50	3	
4			
6			

8 a)

•	30	6	
	270		
4			

b)

•		7	
		35	
8	480		

c)

•		9	
	90		
9			
	360		

⑦ ⑧ Malifanten-Regel: Erst die Mitte: Multiplikations-Aufgaben, dann der Rand: Additions-Aufgaben. Fußzahl testen

1 Maxi macht 60er-Sprünge, Mini 6er-Sprünge.
Wie viele Sprünge macht Maxi, wie viele Mini?

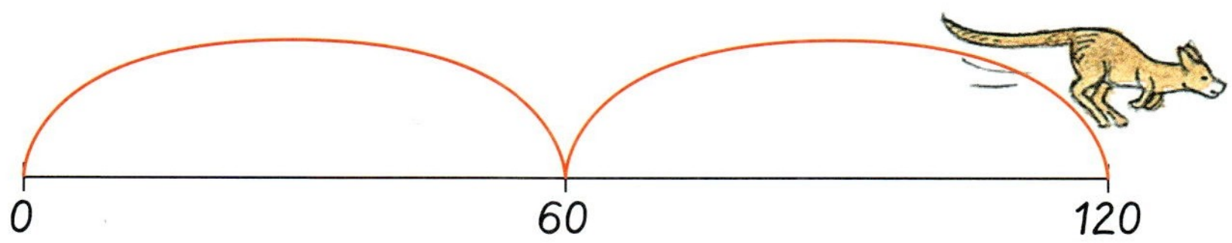

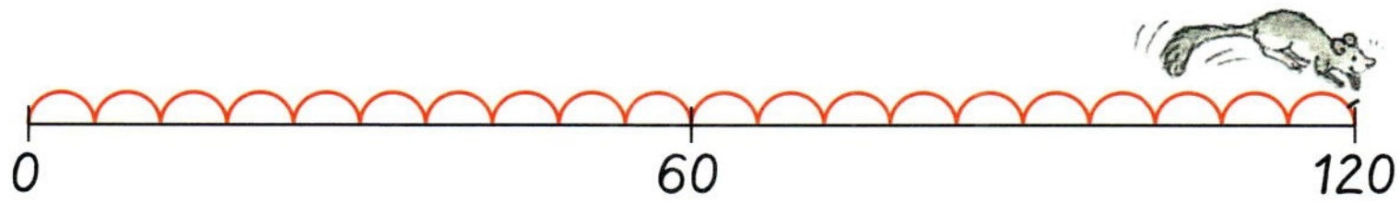

a) 240 : 60
240 : 6

b) 360 : 60
360 : 6

c) 480 : 60
480 : 6

d) 540 : 60
540 : 6

2 Maxi macht 80er-Sprünge, Mini 8er-Sprünge. Sie treffen sich bei den Maxi-Zahlen.
Welche Zahlen sind Maxi-Zahlen? Schreibe dazu zwei Aufgaben.

120 160 400 500 560 240 320 420 480 600

3 Mini springt bis zu den Maxi-Zahlen. Wie viele Sprünge muss sie machen?

a)	b)	c)	d)	e)	f)
150 : 3	240 : 4	320 : 8	420 : 7	630 : 9	400 : 5
450 : 5	350 : 7	240 : 6	480 : 8	490 : 7	240 : 8
480 : 6	540 : 9	270 : 9	360 : 4	180 : 3	560 : 7

30 30 40 40 50 50 60 60 60 60 60 70 70 80 80 80 80 90 90

4 Mini macht 3er-Sprünge. Sie springt bis 192. Wie viele Sprünge macht sie?

192 : 3 =
150 : 3 =
30 : 3 =
12 : 3 =

192 : 3 =
180 : 3 =
12 : 3 =

5 Erst zur Maxi-Zahl, dann weiter.

a)	b)	c)	d)	e)	f)
324 : 6	192 : 3	252 : 3	335 : 5	380 : 5	196 : 4
256 : 4	372 : 6	567 : 7	416 : 8	256 : 8	495 : 5

19 32 33 45 49 52 54 55 62 64 64 67 68 74 76 81 82 84 99

6 a) 128 | 168 | 208 : 2 | 4 | 8

16 18 21 26 32 42 52 64 84 104

b) 126 | 162 | 216 : 3 | 6 | 9

14 18 21 24 27 36 42 54 63 72

Dividend Divisor
324 : 6 = 54
Quotient Quotient

1 Die Klasse 4a macht eine Zahlenstaffel. Dabei müssen die Mannschaften folgende Zahlen abhängen:
Mannschaft A: Zahlen der Dreier-Reihe
Mannschaft B: Zahlen der Vierer-Reihe
Mannschaft C: Zahlen der Fünfer-Reihe
Schreibe auf, welche Zahlen jede Mannschaft nehmen muss.

2 Nimm die Zahlen von 1 bis 100 und schreibe die Vielfachen von 8 auf.
Schreibe: Vielfache von 8: 8, 16, 24, 32, …

3 Nimm wieder die Zahlen von 1 bis 100. Schreibe wie in Aufgabe 2.
a) Vielfache von 6 b) Vielfache von 7 c) Vielfache von 9

4 5 45 90 105 108 120 143 206 410 695 730
a) Welche Zahlen sind Vielfache von 5?
b) Welche Zahlen sind Vielfache von 2?
c) Welche Zahlen sind Vielfache von 10?
d) Welche Zahlen sind Vielfache von 3?
e) Welche Zahlen sind Vielfache von 6?

5 Nimm die Zahlen von 1 bis 1000. Schreibe auf:
a) Vielfache von 40 b) Vielfache von 80 c) Vielfache von 60 d) Vielfache von 90

6 170 180 210 270 350 420 490 540 590 630 810 900
a) Welche Zahlen sind Vielfache von 70? b) Welche Zahlen sind Vielfache von 90?

7 Peter sagt: „30, 60, 130, 150, 160, 220 sind Vielfache von 30."

8 Nimm die Zahlen von 260 bis 770 und schreibe auf.
a) Vielfache von 30: 270, 300, 330, … b) Vielfache von 40: 280, 320, 360, …
c) Schreibe nun die Zahlen auf, die sowohl Vielfache von 30 als auch von 40 sind.

Das Zweifache, Dreifache, Vierfache, … nennt man Vielfache einer Zahl.

1 Beim Sportunterricht sind 18 Jungen. Sie wollen verschiedene gleichgroße Mannschaften bilden. Wie viele Jungen können jeweils in einer Mannschaft sein?
Josef behauptet: „Wir könnten Mannschaften mit 2 Jungen, 3 Jungen, 6 Jungen und 9 Jungen bilden." Stimmt das?
Gibt es noch andere Möglichkeiten?

2 Welche Mannschaften kann man bilden?
a) 12 Mädchen b) 15 Mädchen c) 24 Mädchen

3 Die Zahlen, durch die man eine Zahl ohne Rest dividieren kann, nennt man Teiler der Zahl. Gib die Teiler der Zahl an. Vergiss die 1 und die Zahl selbst nicht. Schreibe wie im Beispiel.
Teiler von 12: 1, 2, 3, 4, 6, 12
a) Teiler von 9 b) Teiler von 14 c) Teiler von 18 d) Teiler von 24

4 Schreibe alle Teiler der Zahlen auf. a) 36 b) 86 c) 48 d) 27 e) 17

5 Schreibe zu jeder Zahl die Teiler auf. Stelle fest, wie viele Teiler die Zahlen haben.
a) 20 28 29 32 b) 44 45 46 47

6 Manche Zahlen haben nur zwei Teiler, die 1 und sich selbst.
Schreibe fünf Zahlen auf, die genau zwei Teiler haben.

7 a) 48 Äpfel sollen so verpackt werden, dass in jeder Tüte gleich viele sind.
b) In einem Baumarkt müssen 92 Bolzen gleichmäßig abgepackt werden.
Welche Möglichkeiten gibt es?

8 Im Zoo werden verschiedene Veranstaltungen angeboten, dafür gibt es viele Anmeldungen. Welche Möglichkeiten gibt es, die Besucher in gleich große Gruppen aufzuteilen? Schreibe drei Möglichkeiten auf.
a) Raubtiergehege 180 Anmeldungen b) Affenkäfig 270 Anmeldungen

9 Welche Teiler haben die Zahlen gemeinsam? a) 12 und 18 b) 27 und 24 c) 9 und 18

10 Prüfe nach.
a) Petra sagt: „90 ist ein Teiler von 180, 360, 530, 720 und 890."
b) Mark sagt: „60 ist ein Teiler von 120, 250, 360, 490 und 600."

11 Nimm die Zahlen von 700 bis 1000. Von welchen Zahlen sind die folgenden Zahlen Teiler? Überlege zuerst: Welche Zahlen von 700 bis 1000 musst du dir nur ansehen?
a) 20 b) 40 c) 30 d) 80

Die Zahlen 1, 2, 3, 4, 6 und 12 heißen Teiler von 12.

1 Ein Sack voller Zehner-Zahlen.
a) Teile durch 6. Manchmal bleibt ein Rest.
b) Schau dir die Reste an. Was fällt auf?

20 : 6 = 3 R 2

2 Dividiere die Zahlen a) durch 8, b) durch 7, c) durch 9.

3 a) Teile durch 6. Manchmal bleibt ein Rest.
b) Teile durch 7. c) Teile durch 9. d) Teile durch 8.

100 150 200 250 300 350 400

100 : 6 = 16 R 4
60 : 6 = 10
40 : 6 = 6 R 4

4 Zweier-Reste, Zehner-Reste und Fünfer-Reste erkennt man gleich.
Teile a) durch 10, b) durch 5.

81 152 183 204 235 256 317 388 449 520

5 61 70 75 83 92 100 123 234 248 305 390 481

a)

In jedem Reste-Korb sind gleich viele Zettel.

b)

Welche Reste-Körbe braucht Zahline?
In jedem Reste-Korb sind gleich viele Zettel.

6

a) Teile durch 60. Bei welchen Zahlen bleibt ein Rest?
b) Teile durch 70. Die Reste sind immer verschieden.
c) Teile durch 80.
d) Teile durch 90. Was fällt dir an den Resten auf?
e) Es bleibt niemals ein Rest. Durch welche Zehner-Zahl wurde geteilt? Es gibt mehrere Möglichkeiten.

7 a) 130 : 60 b) 210 : 40 c) 340 : 50 d) 430 : 70 e) 680 : 80
130 : 6 210 : 4 340 : 5 430 : 7 680 : 8

2 R 10 5 R 10 6 R 10 6 R 40 8 R 40 16 21 R 4 52 R 2 61 R 3 68 85

8 a) 240 : 50 b) 130 : 30 c) 350 : 80 d) 260 : 70 e) 350 : 90
24 : 5 13 : 3 35 : 8 26 : 7 35 : 9

4 R 1 4 R 3 4 R 4 4 R 10 4 R 30 4 R 40 3 R 5 3 R 8 3 R 10 3 R 50 3 R 80

9 Bilde aus den Ziffernkärtchen vier dreistellige Zahlen. Teile jede Zahl durch 9.
Was fällt dir auf?

a) 2 3 0 b) 6 1 0 c) 4 2 0 d) 9 9 0

Weitere Übungen Seite 128

1 Wie teuer sind die Karten?

a) 3 Hunde-Karten
5 Hunde-Karten
8 Hunde-Karten

3 · 70 ct = 2,10 €

b) 4 Hamster-Karten
6 Hamster-Karten
10 Hamster-Karten

2 Wie teuer ist es?

a) 7 Pferde-Karten

7	·	75 ct	=		€
7	·	70 ct	=	4,90	€
7	·	5 ct	=	35	ct

b) 3 Tier-Bestimmungsbücher

3	·	1,80 €	=		€
3	·	1,00 €	=	3,00	€
3	·	80 ct	=	2,40	€

c) 4 Pferde-Karten

d) 6 Tier-Bestimmungsbücher

e) 3 Sammelmappen

3 Großeinkauf für die Schule

a) **Klasse 4a**
- 4 Hunde-Karten
- 3 Packungen Clown-Karten

b) **Klasse 4b**
- 5 Tier-Bestimmungsbücher
- 1 Packung Tierstempel

c) **Klasse 4c**
- 4 Katzen-Karten
- 3 Packungen Clown-Karten

4 Am Abend werden die Großpackungen geöffnet und die Teile einzeln verkauft.
Wie teuer ist …

a) eine Clown-Karte,

5,45 €	:	5	=		€
5,00 €	:	5	=	1,00	€
45 ct	:	5	=	9	ct

b) ein Tier-Notizblock,

2,68 €	:	4	=		
2,40 €	:	4	=	60	ct
28 ct	:	4	=	7	ct

c) eine Geburtstagskarte?

5,20 €	:	4	=		
4,00 €	:	4	=	1,00	€
1,20 €	:	4	=		

5 Wie teuer sind die Sachen einzeln?

a) eine Blumenkarte b) ein Tierstempel c) eine Einladungskarte

6 Rolf kauft 6 Bogen Tonpapier zu 3,90 €. Wie teuer ist ein Bogen?

Weitere Übungen Seite 128

1 Familie Klein fährt am Wochenende ins Freibad. Der Eintritt für zwei Erwachsene und vier Kinder beträgt 24 €. Familie Peters zahlt 15 € für zwei Erwachsene und ein Kind. Wie teuer ist eine Karte für Erwachsene, wie teuer für Kinder?

2 Frau Kraft geht mit ihren beiden Kindern in den Wildpark. Der Eintritt kostet für alle drei zusammen 9 €. Herr und Frau Baumann gehen mit ihren drei Kindern auch in den Wildpark. Sie zahlen 16 €. Eintrittspreis für Erwachsene, für Kinder?

3 a) Vier Stücke Pflaumenkuchen kosten 3,60 €. Frau Schmidt kauft sieben Stücke.

b) Sechs Flaschen Orangensaft kosten 3,30 €. Herr Liebig kauft neun Flaschen.

c) Vier Vollkornbrötchen kosten 1,20 €. Der Trainer der Fußballmannschaft kauft 30 Brötchen.

4 Familie Meier verbraucht zum Duschen ungefähr 180 l Wasser. Zur Familie gehören vier Personen. Familie Reese verbraucht 90 l mehr.

a) Wie viel Liter Wasser verbraucht eine Person der Familie Meier?

b) Wie viele Personen gehören wohl zur Familie Reese, wenn jeder für das Duschen genauso viel Wasser verbraucht wie in der Familie Meier?

5 Frau Klein kauft für Sarah und Luca zwei Paar Ski. Ein Paar ist 120 cm lang, das andere Paar ist 140 cm lang. Die längeren Ski sind 40 € teurer als die kürzeren. Frau Klein zahlt zusammen 380 €.

6 Herr Pohle kauft ein Taschenbuch und einen Stadtplan. Er bezahlt dafür 22 €. Der Stadtplan ist 2 € billiger als das Taschenbuch.

7 Johannnes kauft im Eiscafé fünf Kugeln Eis. Theresa bekommt im Schwimmbad für den gleichen Betrag nur vier Kugeln Eis, eine Kugel kostet dort 10 Cent mehr.

8 Für die Bootsfahrt einer Jugendgruppe wird ein fester Preis vereinbart. Jedes Kind soll 4,50 € bezahlen. Da ein Kind krank wird, muss der Fahrpreis auf 5 € erhöht werden. Wie viele Kinder sind in der Jugendgruppe?

1 Das Säulendiagramm zeigt die Anzahl der Kinder der Waldschule, die an den Nachmittagen eine Arbeitsgemeinschaft besuchen.

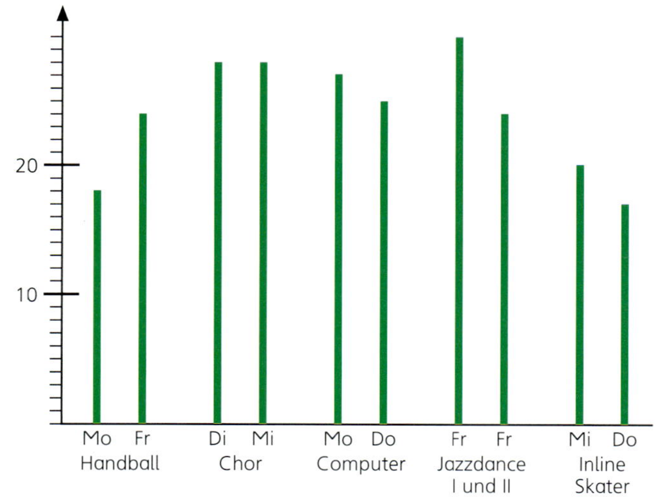

	Mo	Di	Mi	Do	Fr
Handball					
Chor					
Computer					
Jazz-dance I					
Jazz-dance II					
Jnline Skater					

a) Übertrage die Tabelle in dein Heft.
b) Wie viele Kinder spielen Handball?
c) Wie viele Kinder arbeiten am Computer?
d) An welchen Tagen besuchen die meisten Kinder eine Arbeitsgemeinschaft?
e) Wie viele Kinder besuchen Arbeitsgemeinschaften?

2 Eva, Lisa, Kathrin und Mira laufen um die Wette. Die Lehrerin stoppt die Zeit.

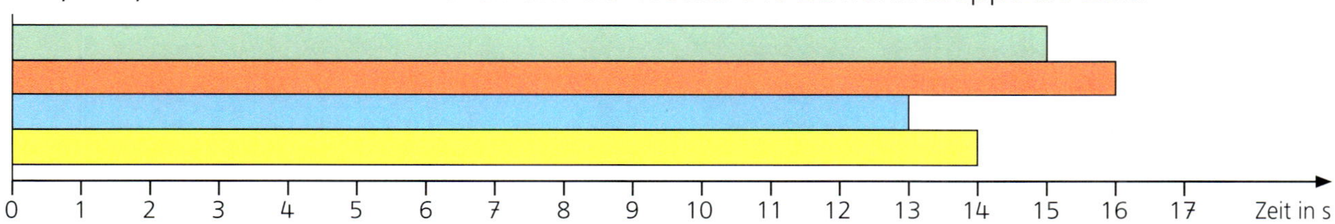

Lisa war die Schnellste. Eva brauchte die meiste Zeit. Kathrin war schneller als Mira. Welche Zeit liefen die Kinder?

3 Beim 75-m-Lauf stoppt die Lehrerin die Zeit. Inga ist zwei Sekunden schneller als Lisa gelaufen. Katharina war nicht die Schnellste, aber sie war eine Sekunde schneller als Lisa. Pia war mit 15 Sekunden die Langsamste, sie war drei Sekunden langsamer als Katharina. Wie schnell liefen die Kinder? Wenn nötig, zeichne ein Streifenbild.

4 Die Kinder haben ihre Größe gemessen. David ist der Kleinste. Theresa ist die Größte. Jan ist größer als Lena. Wie groß sind die Kinder?

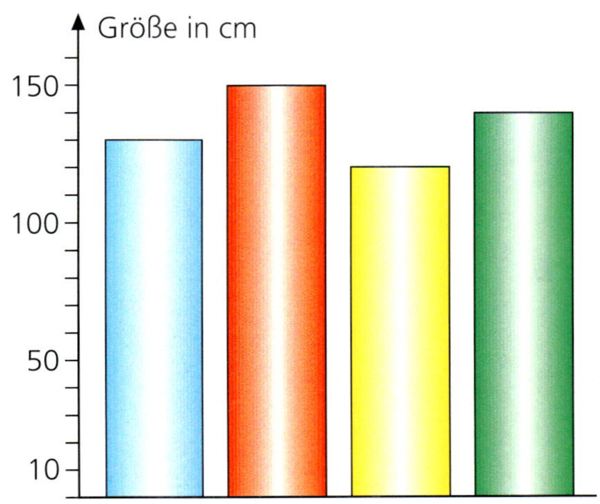

5 Anna, David, Max, Lea und Mark vergleichen ihr Alter. Lea ist zwei Jahre jünger als Mark und ein Jahr älter als Anna. Aber Anna ist nicht die Jüngste, sie ist zwei Jahre älter als Max. David ist 17 Jahre alt, Mark ist ein Jahr jünger. Wie alt sind die Kinder? Zeichne ein Streifenbild dazu.

1 Zeichne ein Rechteck, 5 cm lang und 3 cm breit.

2 Zeichne das Rechteck. Berechne auch den Umfang des Rechtecks.
a) 6 cm lang, 4 cm breit b) 4 cm lang, 5 cm breit c) 4,5 cm lang, 2,8 cm breit

3 Zeichne das Rechteck. a) 10 cm lang, 3 cm breit b) 12,5 cm lang, 4,3 cm breit

4 Zeichne das Quadrat. a) 4 cm lang b) 5,5 cm lang c) 8 cm lang

5 a) Zeichne eine Gerade und dann fünf Geraden, die senkrecht dazu stehen.
b) Zeichne noch zwei Geraden, die senkrecht zu den fünf Geraden stehen.

6 a) Zeichne zwei parallele Geraden. Ihr Abstand soll 2 cm (8 cm) sein.

7 Zeichne erst ein Quadrat mit 4 cm langen Seiten. Dann zeichne das Muster.

a) 
b) 
c) 
d) 

8 Muster für Meister-Maler. Zeichne erst ein Rechteck, 6 cm lang und 4 cm breit.

a) 
b) 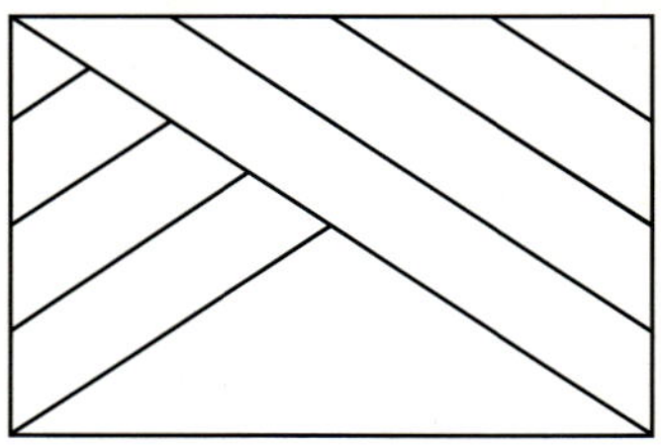
c) 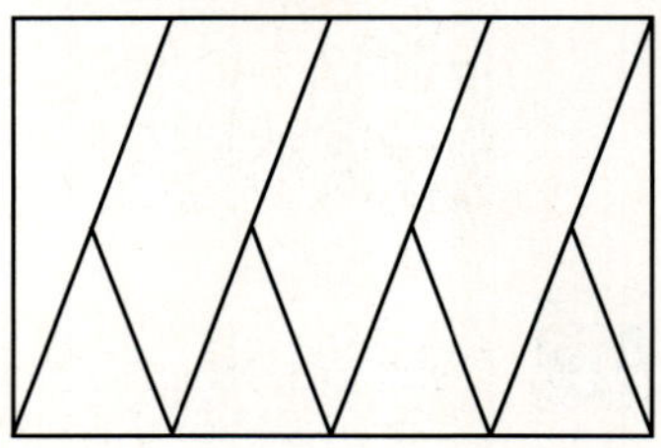

9 Manchmal kann man seinen Augen nicht trauen. Entdeckst du hier parallele Geraden? Prüfe mit dem Geodreieck.

a) 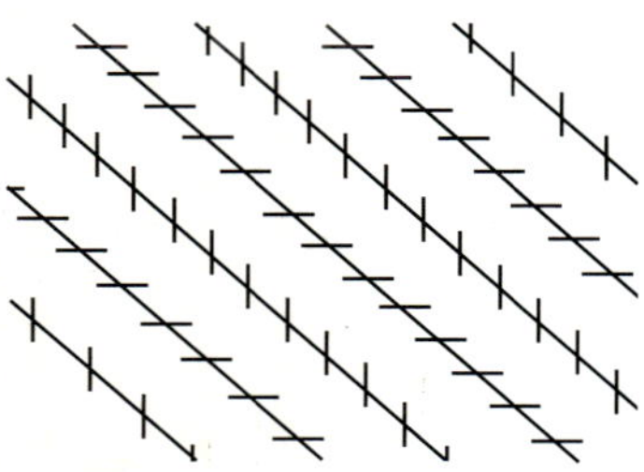
b) 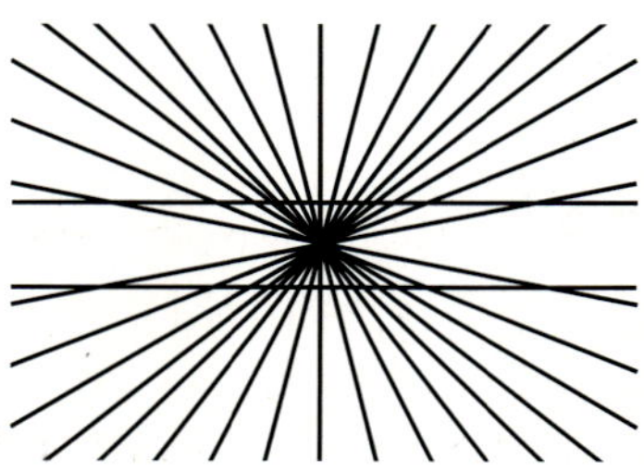
c) 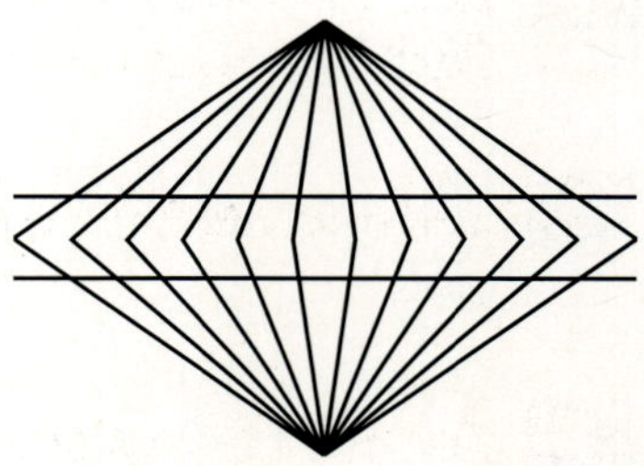

1

2 So haben die Kinder das Spielfeld mit Faden und Kreide gemalt.

3 Mit dem Zirkel kannst du einen Kreis zeichnen. Markiere immer zuerst den Mittelpunkt.

4 Zeichne einen Kreis. So groß soll der Radius sein:
a) 3 cm b) 5 cm c) 7 cm d) 4,5 cm
Wie groß ist der Durchmesser?

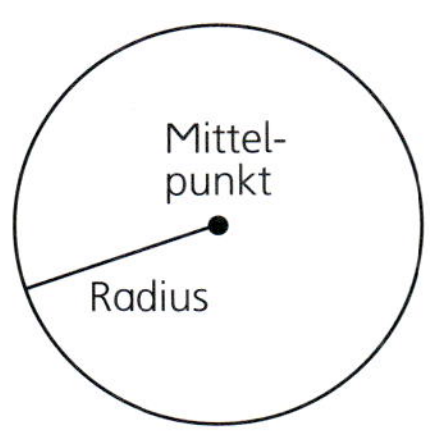

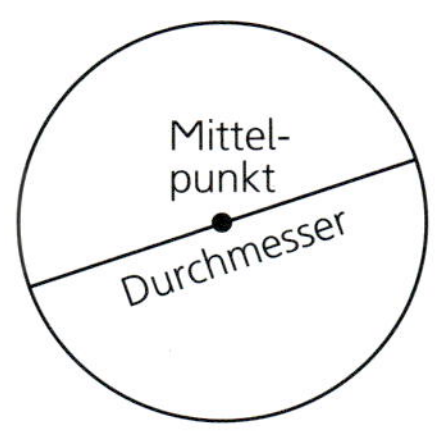

5 Zeichne einen Kreis.
Dein Nachbar misst, wie groß der Durchmesser ist.

6 Zeichne vier Kreise mit demselben Mittelpunkt. Deine Nachbarin misst, wie groß die Radien sind.

7 Zeichnet ein Spielfeld mit Kreisen. Spielt darauf mit Plättchen.

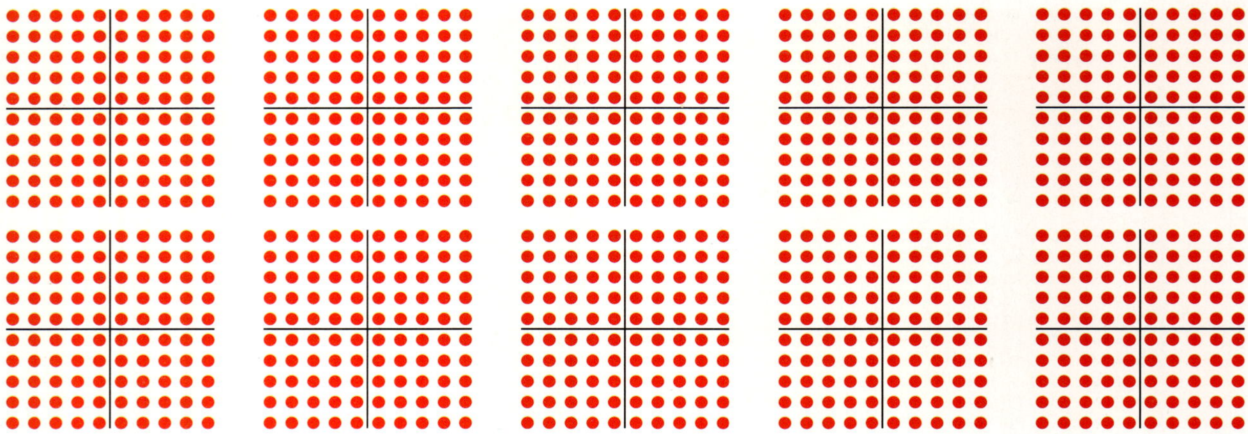

1 a) Zeige mit zwei Blättern so viele Punkte:
500 1 200 1 900 1 500 2 000 1 050 1 250

b) Einer nennt eine Zahl, der andere zeigt sie.

2 Wähle zwei Zahlen aus und vergleiche.

a) 9 9 0 < 1 0 0 2

a)

b)

c)

3 Setze die Zahlenfolge fort. Insgesamt sollen es zehn Zahlen werden. Wie heißt die Regel?

a) 900, 920, 940, …, 1 080
b) 1 500, 1 550, 1 600, …, 1 950
c) 2 000, 1 960, 1 920, …, 1 640
d) 1 250, 1 220, 1 190, …, 980
e) 850, 900, 930, 980, …, 1 220
f) 750, 850, 830, 930, …, 1 170

4 Lies deinem Nachbarn die Aufgabe vor. Er schreibt die Ergebniszahl auf. Nach jedem Päckchen wird gewechselt.

a) 1 000 + 300 + 40 + 5
1 000 + 200 + 70 + 6
2 000 + 200 + 20 + 2

b) 1 000 + 500 + 8
1 000 + 60 + 4
800 + 80 + 8

c) 1 000 + 40
1 000 + 300 + 2
1 000 + 6

d) 2 000 + 700
2 000 + 20
2 000 + 100 + 5

5 Lies die Zahl deinem Nachbarn vor. Er schreibt sie auf und gibt auch den Vorgänger und den Nachfolger an. Wechselt nach jedem Päckchen.

a) Vorgänger	Zahl	Nachfolger
1 5 1 7	1 5 1 8	1 5 1 9

a) 1 518
1 679
1 560

b) 1 340
1 209
1 500

c) 1 999
1 100
1 321

d) 1 699
1 610
1 889

e) 1 700
1 899
1 010

f) 1 000
2 000
3 000

6

a) Wie viele gerade Zahlen sind in dem Sack? Wie viele ungerade?

b) Nimm fünf Zahlen aus dem Sack. Bestimme die Quersumme.

c) Zahlen mit der Quersumme 5. Wie viele findest du?

d) Zahlen mit zwei Nullen. Wie viele findest du?

e) Zahlen mit der Quersumme 3. Ordne sie der Größe nach.

Weitere Übungen Seite 128

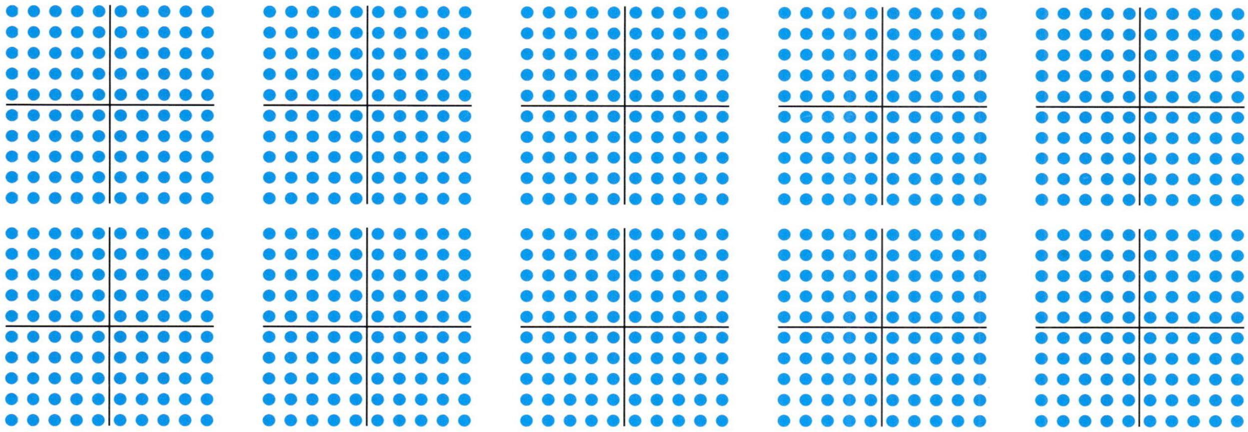

1 a) 700 + 500 = ___

b) 700 + 800
600 + 700
600 + 500
800 + 600
800 + 400
900 + 700

2 Denke beim Rechnen an die Blumen-Aufgabe.

a)

b)	c)	d)	e)
400 + 800	700 + 700	900 + 400	600 + 500
480 + 800	710 + 700	900 + 430	620 + 500
485 + 800	711 + 700	900 + 434	625 + 500

f)	g)	h)	i)
640 + 800	740 + 600	900 + 460	660 + 500
649 + 800	740 + 630	900 + 462	660 + 520
646 + 800	745 + 600	900 + 467	669 + 520

3 a) 785 | 885 | 985 + 2 | 20 | 200

b) 400 | 420 | 450 + 600 | 608 | 680

4 a)

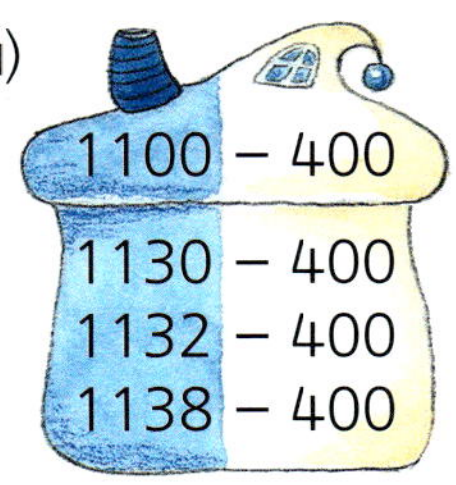

b)	c)	d)	e)
1 500 − 700	1 200 − 600	1 400 − 800	1 300 − 500
1 550 − 700	1 210 − 600	1 420 − 800	1 360 − 500
1 570 − 700	1 240 − 600	1 460 − 800	1 370 − 500

f)	g)	h)	i)
1 530 − 700	1 260 − 600	1 480 − 800	1 350 − 500
1 536 − 700	1 267 − 600	1 488 − 800	1 351 − 500
1 538 − 700	1 268 − 600	1 482 − 800	1 356 − 500

5 a)

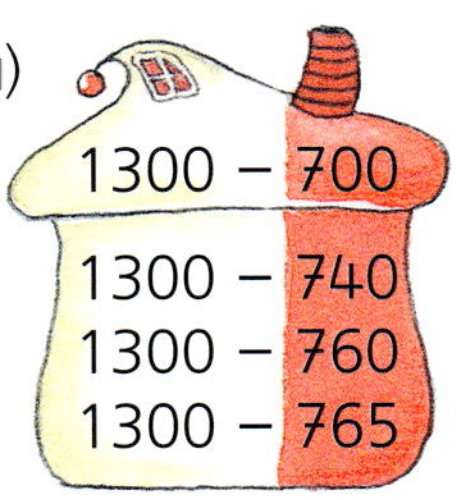

b)	c)	d)
1 500 − 800	1 200 − 600	1 400 − 800
1 500 − 820	1 200 − 630	1 400 − 850
1 500 − 880	1 200 − 650	1 400 − 810

e)	f)	g)
1 500 − 860	1 200 − 670	1 400 − 830
1 500 − 865	1 200 − 677	1 400 − 831
1 500 − 867	1 200 − 679	1 400 − 835

6 a) 1 000 | 1 500 | 2 000 − 7 | 70 | 700

b) 1 400 | 1 420 | 1 450 − 600 | 602 | 620

Weitere Übungen Seite 128

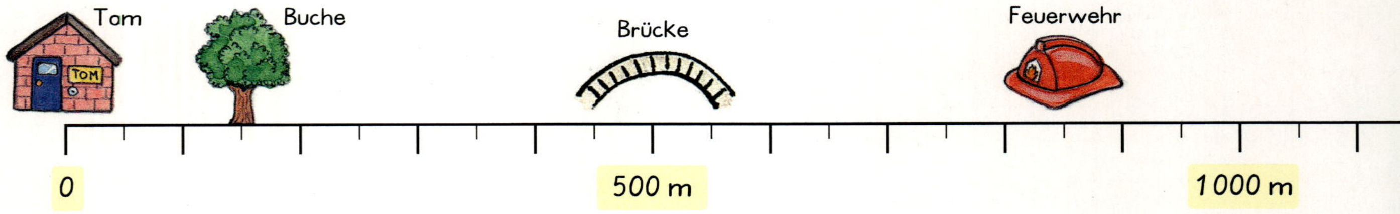

1 Wie weit ist es von Toms Haus bis dahin?

a) Brücke b) Buche c) Feuerwehr
d) Fluss e) Spielplatz f) Schwimmbad

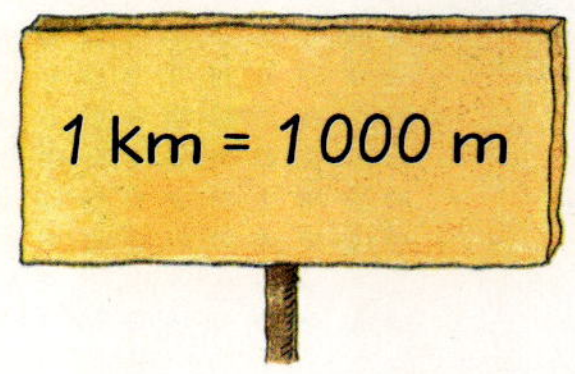

2 Wie weit ist es?

a) vom See zur Brücke
b) vom Fluss zur Feuerwehr
c) von der Brücke zum Schwimmbad
d) von der Buche zum See

3 a) Toms Vater ist Feuerwehrmann. Er geht immer zu Fuß zur Arbeit und wieder zurück.
b) Tom trainiert jeden Sonntag. Er läuft von zu Hause bis zur Brücke und zurück.

4 Wie weit ist es hin und zurück?

a) von der Brücke bis zum Fluss
b) von der Feuerwehr bis zum Schwimmbad
c) vom Fluss bis zum See
d) von der Buche bis zum Fluss

5 Wie heißen die Nachbarhunderter?

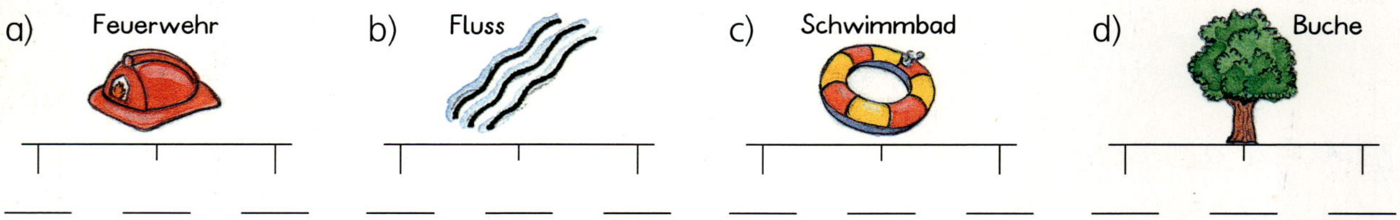

6 Welche Zahlen gehören zu den Luftballons?
Wie heißen die beiden Nachbarhunderter?
Schreibe wie im Beispiel.

A 740 + 60 = 800
740 − 40 = 700

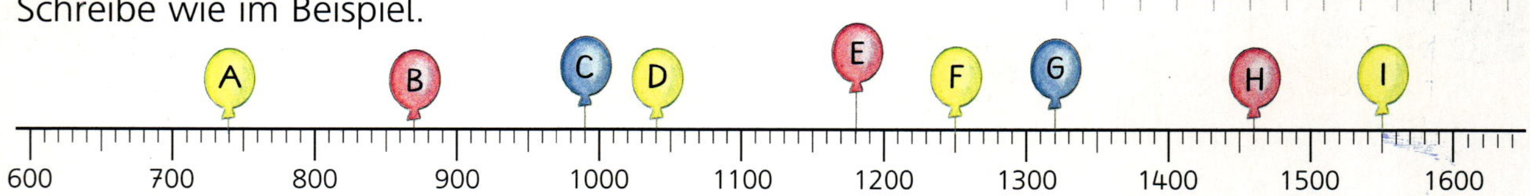

7

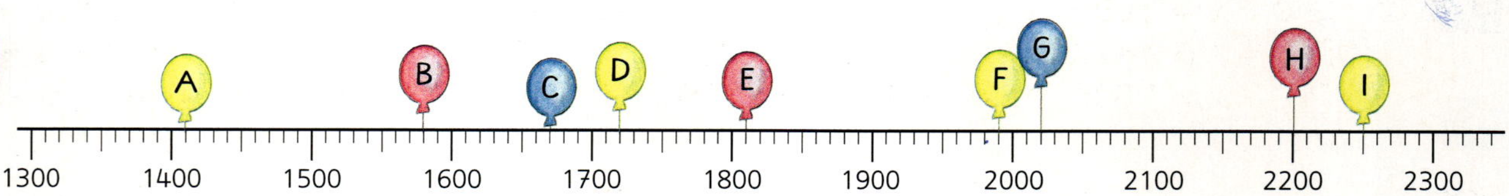

8 Schreibt fünf Zahlen zwischen 500 und 2000 untereinander auf.

1200 1230 1237 1240 1300

a) Einer schreibt links und rechts die beiden Nachbarzehner daneben und unterstreicht den Nachbarzehner blau, der am nächsten an der Zahl liegt.
b) Der andere schreibt dann links und rechts die beiden Nachbarhunderter auf und unterstreicht den Nachbarhunderter rot, der am nächsten an der Zahl liegt.

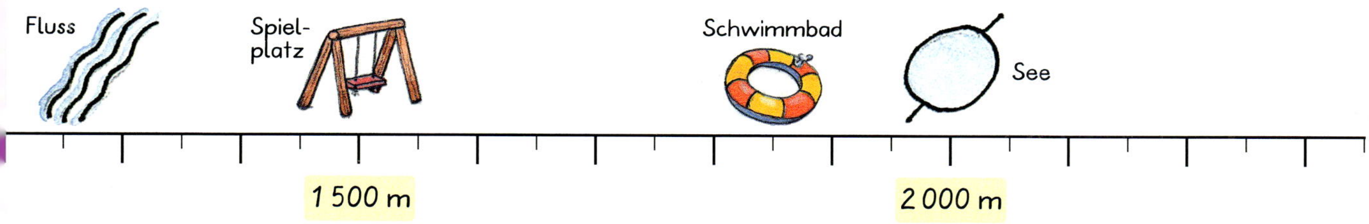

1 Die 1 000 unter der Lupe.

a) 996 + 4
998 + 8
991 + 12
995 + 11

b) 1 005 − 8
1 003 − 9
1 007 − 10
1 010 − 15

c) 1 011 − 12
1 015 − 18
1 020 − 25
1 021 − 23

2 Nimm 2 000 unter die Lupe.

a) 1 993 + 8
1 998 + 5
1 994 + 9

b) 1 994 + 10
1 991 + 12
1 989 + 13

c) 2 001 − 4
2 005 − 8
2 007 − 9

d) 2 007 − 13
2 009 − 16
2 005 − 15

e) 2 010 − 11
2 010 − 17
2 011 − 15

3 a) 820 + 360

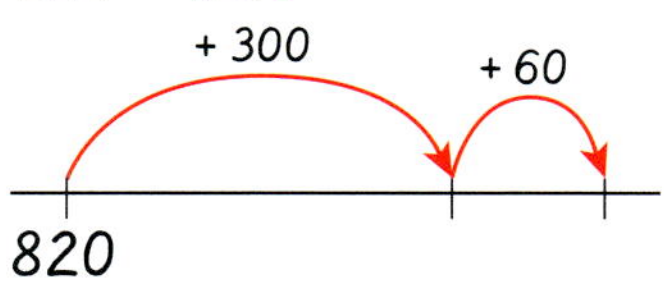

b) 630 + 440
740 + 530
560 + 610

c) 890 + 350
780 + 440
670 + 670

d) 640 + 1 030
280 + 1 050
550 + 1 080

1 070 1 330 1 170 1 340 1 220 1 520 1 240 1 630 1 270 1 670

4 a) 730 + 550
630 + 660

b) 860 + 650
670 + 470

c) 1 050 + 280
1 070 + 350

d) 1 180 + 720
1 250 + 470

1 140 1 280 1 290 1 330 1 420 1 510 1 720 1 900 2 100

5 a) 1 380 − 470

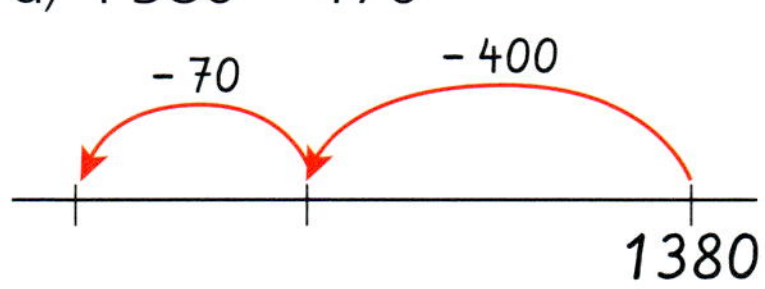

b) 1 270 − 450
1 190 − 540
1 460 − 710

c) 1 680 − 830
1 580 − 880
1 250 − 640

d) 1 290 − 1050
1 970 − 1020
1 520 − 1010

240 750 510 770 610 820 650 850 700 950

6 a) 2 000 − 1 020
2 000 − 850

b) 1 500 − 720
1 500 − 950

c) 1 700 − 840
1 200 − 530

d) 1 100 − 980
1 070 − 970

e) 1 500 − 1 430
1 300 − 1 150

70 100 120 150 550 670 780 860 880 980 1 150

7 a) 540 + t = 1 090
1 070 + s = 1 420
740 + r = 1 800

b) x + 1 250 = 1 720
y + 1 180 = 1 900
z + 1 370 = 2 000

c) 1 100 − a = 780
1 030 − b = 660
1 070 − c = 970

d) 1 300 − u = 770
1 820 − v = 980
1 790 − w = 940

8

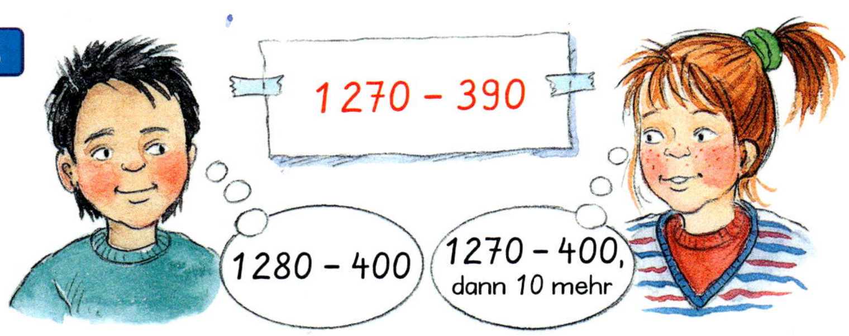

a) 1 570 − 890
1 240 − 490
1 150 − 690

b) 1 060 − 290
1 140 − 590
1 530 − 790

c) 1 720 − 190
2 000 − 480
1 850 − 580

d) 1 570 − 1 520
1 840 − 1 760
1 350 − 1 180

50 750 80 770 170 870 460 1 270 550 1 520 680 1 530 740

Weitere Übungen Seite 128

Erfindungen

Vor ungefähr 200 Jahren wurde das Fahrrad erfunden. Das Radfahren war noch sehr unbequem, aber man konnte sich schneller als ein Fußgänger fortbewegen.

Heute ist das Fahrrad viel komfortabler als früher. Es ist umweltfreundlich und stößt keine giftigen Abgase aus.
Wichtig ist, dass das Fahrrad verkehrssicher ist.

A

Laufrad 1817

B
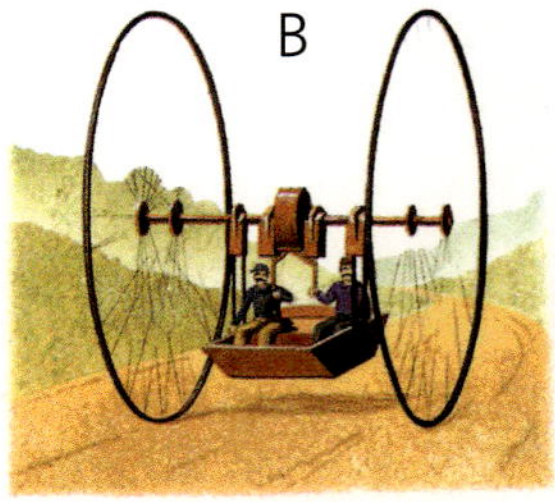
Schaukelrad 1887

C

Riesendreirad 1896

D

Hochrad 1870

E
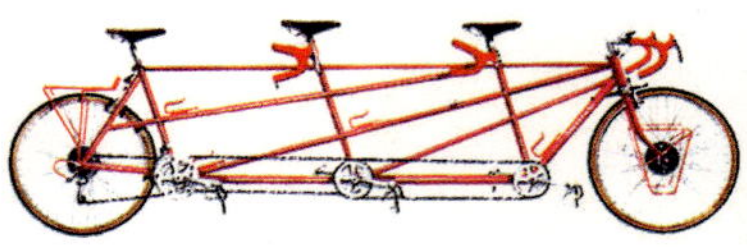
Dreiertandem 1989

F

Rad mit Kettenantrieb 1895

1 Zeichne einen Zeitstrahl in dein Heft (für 10 Jahre 2 Kästchen). Trage die Erfindungen ein.

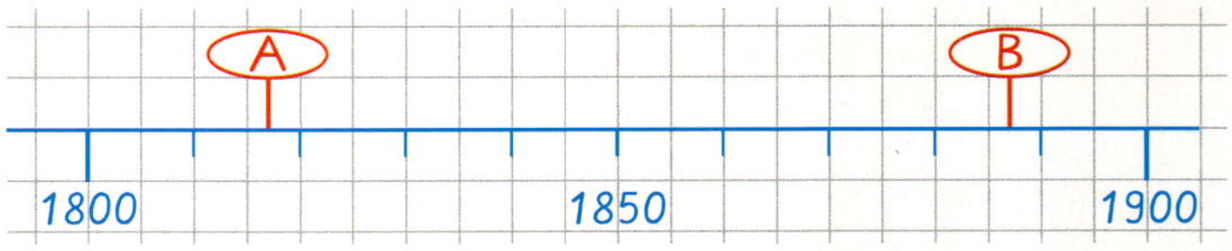

2 Wie viele Jahre sind seit den Erfindungen vergangen?

Laufrad vor _____ Jahren

3 Schreibe Sätze zu den Erfindungen. Hier sind Beispiele.

Das Rad mit Kettenantrieb wurde _____ Jahre später als das Hochrad erfunden.

Schon _____ Jahre früher als das Hochrad gab es Laufräder.

Zwischen der Erfindung des Riesendreirades und des Dreiertandems liegen _____ Jahre.

4 Geschichten vom Hören und Sehen

Kartei

Schon 1445 druckte Johannes Gutenberg das erste Buch mit beweglichen Lettern.
Das erste Telefon wurde 1861 von Johann Philipp Reis gebaut.
Sechzehn Jahre später erfand Thomas Alva Edison das Grammofon, den ersten Schallplattenspieler.
1839 gab es das erste Foto. 78 Jahre danach hörten die Menschen die erste Radiosendung in Deutschland. Dann dauerte es noch neun Jahre bis zum ersten Tonfilm.
13 Jahre nach der ersten Radiosendung gab es die erste Fernsehsendung.
Der erste Computer wurde 1946 gebaut. 35 Jahre später gab es den ersten CD-Player.

a) Findest du zu jeder Erfindung die Jahreszahl?
b) Zeichne einen Zeitstrahl von 1800 bis 2000 (für 10 Jahre 2 Kästchen).
Du brauchst zwei Seiten.
Trage die Erfindungen in dieser Zeit ein.
c) Was gab es vor 50 Jahren noch nicht?
Was gab es vor 100 Jahren noch nicht?

Liebe Oma,

vor zwei Wochen hat meine Klasse einen Ausflug zum Spielplatz gemacht. Das war toll. Am Montag waren wir dann alle zusammen im Zoo. Wir sind mit dem Bus gefahren, weil der Zoo so weit weg ist. Als wir um zehn vor neun an der Bushaltestelle waren, war der Bus gerade 5 Minuten weg. Zum Glück fährt jede halbe Stunde ein Bus zum Zoo.
Der Bus braucht gar nicht lange.
Wir waren nämlich immer noch 10 Minuten zu früh da. Der Zoo öffnete erst um zehn.
Aber das Warten hat sich gelohnt!
Am besten fand ich die Elefantendusche.

Elefantendusche

11.30 Uhr/14.30 Uhr

Meine beste Freundin Lara war zwar etwas sauer, weil wir bei der Krokodilfütterung schon nach 20 Minuten weitergegangen sind.
Aber ich wollte auf keinen Fall die Elefantendusche verpassen.
Bis dahin waren es noch 10 Minuten.
Anschließend sind Lara, Steffi und Tom noch einmal ins Aquarium gegangen.
Ich war mit den anderen im Regenwald.
Die Flugschau wollten wir uns wieder zusammen ansehen. Eigentlich wollten wir uns eine Viertelstunde vor Beginn am Eingang treffen, aber die drei kamen 10 Minuten später.
Zum Schluss sind wir noch bei den Seelöwen, Pinguinen und Fischottern vorbei gegangen. Um zehn vor fünf waren wir dann wieder an der Bushaltestelle vor der Schule.
Was hast du denn letzte Woche gemacht?

Liebe Grüße, deine Karo

1 An welchem Tag war Karo mit ihrer Klasse im Zoo?

2 Was fand Karo im Zoo am besten?

3 Warum ist Lara sauer geworden?

4 Um wie viel Uhr fahren Busse von der Schule zum Zoo?

5 Welchen Bus hat Karos Klasse genommen?

6 Wann sind sie am Zoo angekommen?

7 Wie lange dauerte die Busfahrt zum Zoo?

8 Wann begann die Fütterung der Krokodile?

9 Die Flugschau beginnt zur gleichen Zeit wie die Elefantendusche.
Um wie viel Uhr wollte sich die Klasse am Eingang zur Flugschau treffen?

10 Wann waren Lara, Steffi und Tom am Treffpunkt?

11 Der Weg von der Bushaltestelle zur Schule dauert 20 Minuten.
Wie viele Stunden war die Klasse an diesem Tag unterwegs?

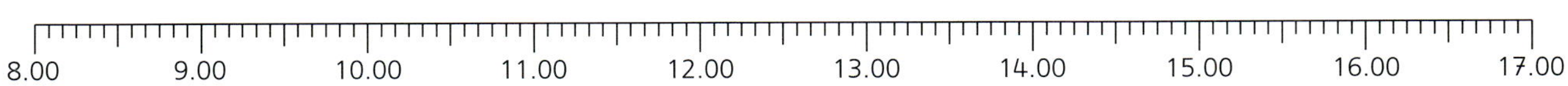

1 Kartei

Miss deinen Pulsschlag 15 Sekunden lang.
Wie oft schlägt dein Herz in einer Minute?
Beachte:

1 Minute = 60 Sekunden
1 Stunde = 60 Minuten
1 Tag = 24 Stunden

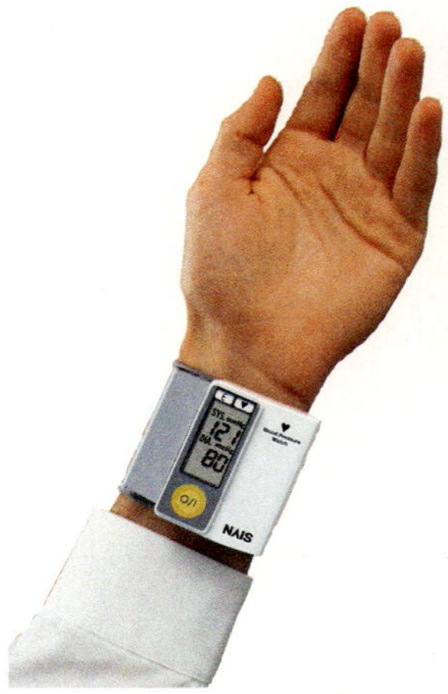

2 Mache zwanzig Kniebeugen.
Wie oft schlägt dein Herz jetzt in einer Minute?

Unser Herz

3

Das Herz ist der Motor unseres Körpers. Es pumpt das Blut regelmäßig hindurch. Das Herz eines Kindes schlägt etwa 100mal pro Minute, bei Erwachsenen schlägt es etwa 60mal pro Minute.

a) Wie oft schlägt das Herz eines Kindes etwa am Tag.
Beachte:
1 Tag = 24 Stunden

Zeit	Herzschläge
1 Minute	100
10 Minuten	___
1 Stunde	
10 Stunden	
20 Stunden	
4 Stunden	
1 Tag	

b) Während eines siebzigjährigen Lebens schlägt das Herz über 2 500 000 000 mal.

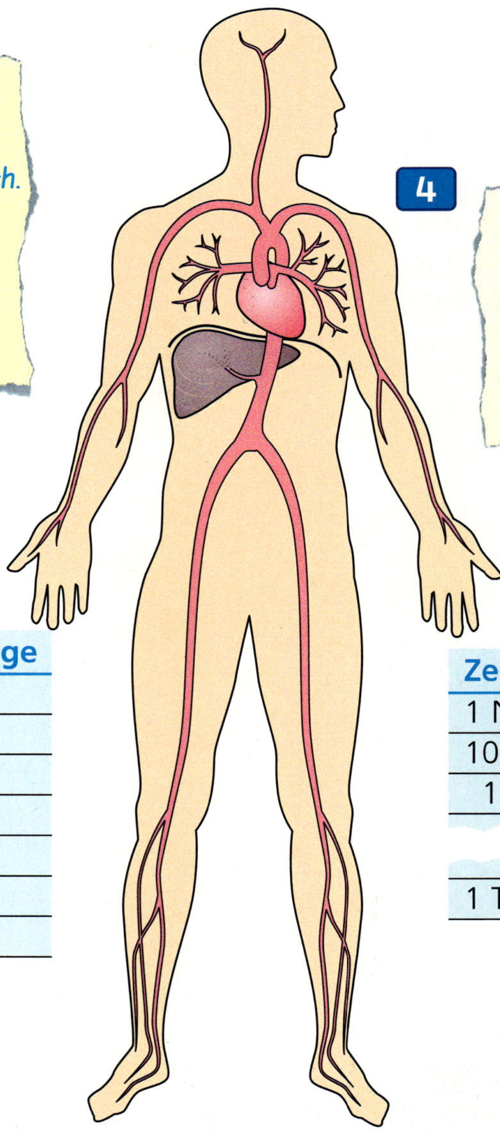

4

Ein Mensch hat etwa 5 Liter Blut in seinem Körper. Das Herz pumpt das Blut durch die Adern, sogar bis in die Zehenspitzen. Wir merken das als Pulsschlag.

a) Das Herz arbeitet wie eine Pumpe, die pro Minute 5 Liter Blut pumpen kann.

Zeit	Blutmenge
1 Minute	5 Liter
10 Minuten	___ Liter
1 Stunde	
1 Tag	___ Liter

b) Während eines siebzigjährigen Lebens transportiert eine solche Pumpe etwa 152 000 000 Liter.

1 Zeige: 3 500 9 800 4 300 6 001 9 001 5 010 8 010

2 Trage in die Stellentafel ein.
Kreise die größte Zahl rot ein.
Kreise die kleinste Zahl grün ein.

a) 7 ZT 3 H 6 Z 4 E
4 ZT 3 T 2 Z 5 E
9 ZT 5 T 3 H 8 E

a)

HT	ZT	T	H	Z	E
		7	3	6	4

b) 2 ZT 4 T 6 Z 2 E
8 ZT 3 T 4 H 3 Z
5 ZT 4 T 3 H 1 E

c) 3 HT 4 ZT 2 H 3 Z 4 E
6 HT 5 T 7 H 9 Z 8 E
6 HT 2 ZT 3 T 8 H 2 E

d) 3 HT 4 T 2 Z 3 E
2 ZT 3 T 4 H 2 E
8 HT 2 ZT 3 Z 4 E

3 Lies deinem Nachbarn die Aufgabe vor.
Er schreibt das Ergebnis in die Stellentafel und nennt die Zahl.
Nach jedem Päckchen wird gewechselt.

a)

HT	ZT	T	H	Z	E
	5	3	7	4	6

a) 50 000 + 3 000 + 700 + 40 + 6
80 000 + 5 000 + 400 + 60 + 5

b) 200 000 + 40 000 + 600 + 40 + 4
700 000 + 8 000 + 700 + 30 + 2

c) 300 000 + 2 000 + 800 + 20 + 2
400 000 + 30 000 + 4 000 + 600 + 3

d) 500 000 + 60 000 + 4 000 + 600 + 5
700 000 + 30 000 + 6 000 + 70 + 3

4 Trage in die Stellentafel ein.
93 107 93 170 110 927 143 714 280 047 574 003 642 374

5 Nun umgekehrt.
Zerlege wie im Beispiel.

a) 24 368 = 20 000 + 4 000 + 300 + 60 + 8

a) 24 368
95 647

b) 324 506
845 702

c) 805 735
203 622

d) 320 460
540 320

e) 400 060
300 005

Weitere Übungen Seite 129

1 Lege aus den Ziffernkärtchen acht sechsstellige Zahlen und trage sie in eine Stellentafel ein.

6 1 3 9 8 2

HT	ZT	T	H	Z	E

2 Lege sechs Zahlen. Benutze immer alle Ziffernkärtchen. Trage die Zahlen in eine Stellentafel ein. Unterstreiche die größte Zahl rot, die kleinste Zahl blau.

a) 2 7 3 0 4   b) 1 9 6 3 2   c) 5 0 2 3 8 4

3 a) Wählt vier verschiedene Ziffernkärtchen. Legt daraus eine Zahl, die möglichst nahe bei 5 000 ist.

b) Wählt fünf verschiedene Ziffernkärtchen. Legt daraus eine Zahl, die möglichst nahe bei 50 000 ist.

4 Nehmt drei Ziffernkärtchen mit der Null und noch diese Ziffernkärtchen dazu. Wie viele verschiedene Zahlen könnt ihr damit legen? Benutzt immer alle Kärtchen. Die Null darf nicht vorne stehen. Schreibt die Zahlen auf und lest sie laut.

0 0 0   a) 7 2   b) 5 5   c) 4 4 4   d) 3 9 3

5

a) Wie viele gerade Zahlen sind in dem Sack? Wie viele ungerade?

b) Wie heißt die kleinste ungerade Zahl? Wie heißt die größte?

c) Ungerade Zahlen mit der Quersumme 5. Wie viele findest du?

d) Gerade Zahlen mit der Quersumme 5. Wie viele findest du?

6 Suche die Zahl

a) mit dem größten Einer,   b) mit dem kleinsten Einer,
c) mit dem größten Hunderter,   d) mit dem kleinsten Hunderter,
e) mit dem größten Tausender,   f) mit dem kleinsten Tausender.

7 a) Wie heißt die größte Zahl?   b) Wie heißt die kleinste Zahl?
c) Schreibe alle Zahlen der Größe nach auf. Beginne mit der größten.

8 Welche Zahlen sind es?   14 Z = 1 H 4 Z = 140

a)	b)	c)	d)	e)	f)
14 Z	13 H	35 T	47 ZT	48 H	35 ZT
18 Z	24 H	28 T	16 ZT	47 T	23 ZT

9 Aufgepasst!

a)	b)	c)	d)	e)
2 H + 16 Z	4 T + 23 H	5 ZT + 16 T	7 T + 68 H	9 ZT + 23 T
3 H + 24 Z	6 T + 38 H	7 ZT + 23 T	6 T + 43 H	6 ZT + 47 T
5 H + 36 Z	5 T + 47 H	4 ZT + 44 T	9 T + 54 H	5 ZT + 55 T

1 Lies das Zahlwort deiner Partnerin vor, sie schreibt die Zahl auf.

a) fünfhunderttausend
siebenhunderttausend
zwölftausend
dreißigtausend
einhunderttausend
neunhunderttausend
fünfzehntausend

b) dreitausendfünfhundert
fünftausendzehn
zweihundertdreiundneunzigtausend
sechzigtausendelf
vierundvierzigtausendfünfhundertacht
sechshundertzwanzigtausendvierhundertvier
neunhundertzwölftausendeinhundert

2 Schreibe als Zahlwort.

a) 8 000 b) 30 001 c) 400 000 d) 55 700 d) 111 111

3 So heißen große Zahlen in anderen Sprachen. Kannst du die Zahlen lesen?

	Englisch	Italienisch	Französisch
1 000	one thousand	mille	mille
2 000	two thousand	duemila	deux mille
3 500	three thousand five hundred	tremila cinquecento	trois mille cinq cent
12 000	twelve thousand	dodicimila	douze mille
15 010	fifteen thousand ten	quindicimila dieci	quinze mille dix
500 000	five hundred thousand	cinquecentomila	cinq cent mille

4 Welche Zahlen sind es?

a) Die Zahl ist größer als 20 000 und kleiner als 25 000. An der Hunderterstelle hat sie eine 5.

b) Die Zahl liegt zwischen 21 000 und 31 000. Die Hunderterstelle ist um 2 größer als die Einerstelle.

c) Die Zahl ist größer als 25 000. Sie hat einen Tausender weniger als Zehntausender und einen Hunderter weniger als Tausender.

d) Die Zahl ist kleiner als 25 000. Sie hat doppelt so viele Zehner wie Einer und doppelt so viele Hunderter wie Zehner.

5 Bilde aus den Ziffern 2, 5 und 6 eine fünstellige Zahl, die du vorwärts und rückwärts gleichermaßen lesen kannst. Beispiel: 25 652. Wie viele findest du? Schreibe sie als Zahlwort.

6 Bilde aus den Ziffern 1, 4 und 7 sechsstellige Zahlen, die du vorwärts und rückwärts gleichermaßen lesen kannst. Schreibe sie auch als Zahlwort.

7 Bilde aus den Ziffern 2, 5 und 8 sechsstellige Zahlen. Jede Ziffer soll mindestens einmal darin vorkommen.

a) Die Quersumme der Zahl ist durch 6 teilbar.

b) Die Quersumme der Zahl ist durch 9 teilbar.

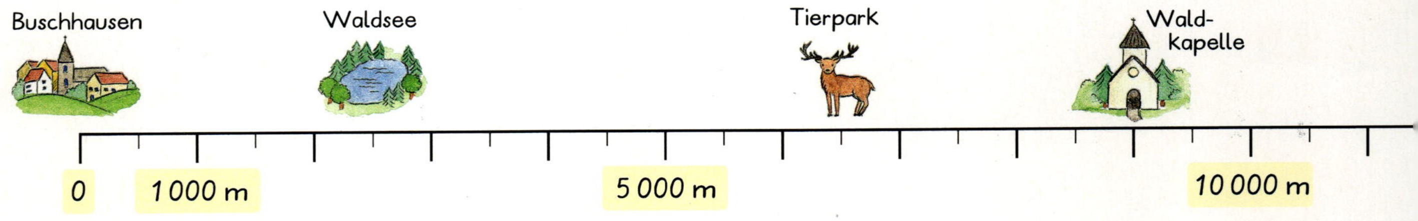

1 Anna wohnt in Buschhausen, ihre Freundin Nora in Weinstadt. Am Samstag besucht Anna ihre Freundin mit dem Fahrrad. Am Sonntag fährt sie wieder zurück.

2 In den Ferien geht Anna mit ihren Eltern bis zur Waldkapelle.

3 Annas Bruder Daniel joggt jeden Abend zum Waldsee und zurück. Wie weit läuft Daniel jeden Tag? Wie weit jede Woche?

4 Am Sonntag parkt die Familie das Auto am Waldsee. Dann machen sie einen Spaziergang zum Tierpark.

5 Daniel sagt: „Von zu Hause bis zum Tierpark sind es 6,5 km." Wie weit ist es hin und zurück?

6 Am Wochenende treffen sich Anna und Nora im Freizeitpark. Wie weit muss Anna fahren? Wie weit Nora?

7 In den Ferien treffen sich die Mädchen fünfmal im Freizeitpark.

8 Anna ruft bei Nora an: „Wir treffen uns morgen genau in der Mitte." Wo ist das? Wie weit muss jeder fahren?

9 Am Sonntag macht Noras Vater mit dem Hund einen Spaziergang bis zur alten Eiche.

10 Noras Vater arbeitet in der Fabrik. Er fährt von Montag bis Freitag mit dem Fahrrad zur Arbeit. Wie viel Kilometer fährt er in einer Woche? In einem Monat?

11 Wie heißen die Nachbartausender?

a) 
____ m ____ m

b) 
____ m ____ m

c) 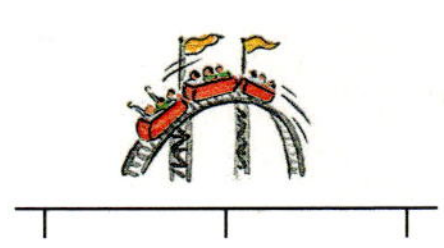
____ m ____ m

d) 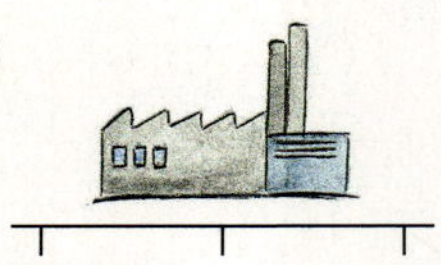
____ m ____ m

12 Wie viel Meter sind es? Schreibe so: 5 km = 5000 m.

a) 5 km 13 km 20 km 100 km b) 7,5 km 10,8 km 20,2 km 22,5 km

13 Nun umgekehrt. Schreibe als Kilometer.

a) 9 000 m 15 000 m 30 000 m b) 1 500 m 1 600 m 1 200 m 2 100 m

14 Wie viel Meter sind es?

a) 500 m weniger als 3 km b) 300 m weniger als 5 km c) 400 m weniger als 10 km

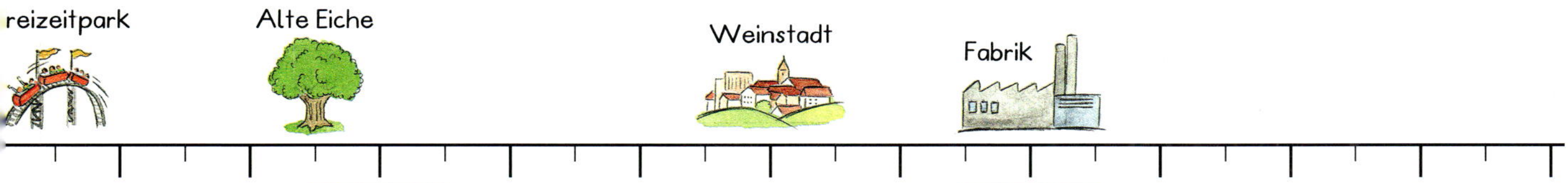

1 Bei welchen Zahlen stehen die Ballons?

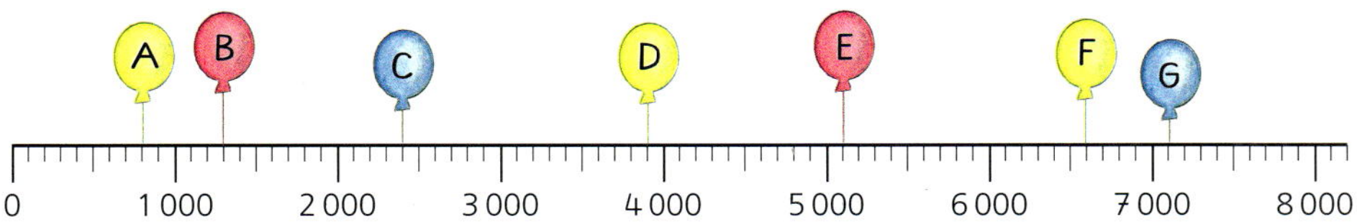

A = 800
B =

2 Bei welchen Zahlen stehen die Ballons?
Wie heißen die Nachbartausender?
Schreibe wie im Beispiel.

A 1200 + 800 = 2000
1200 − 200 = 1000

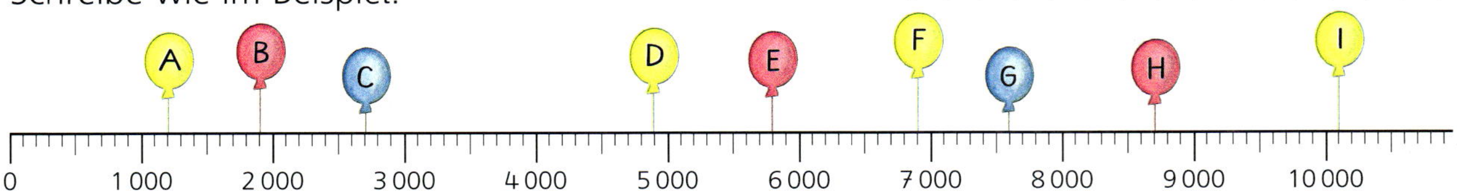

3 Wie heißen die Nachbartausender? Schreibe wie in Aufgabe 2.

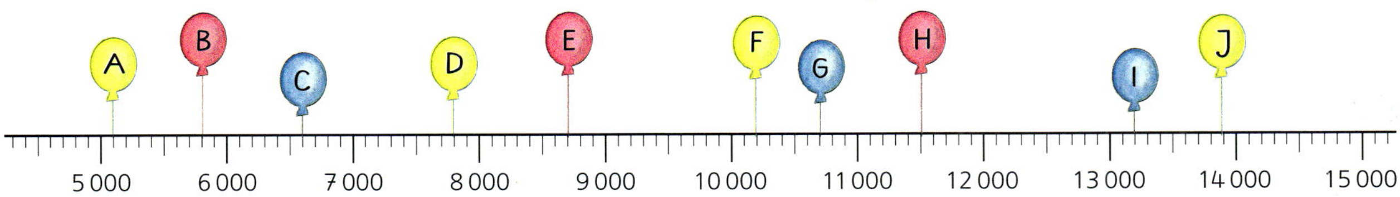

4 Bei welchen Zahlen stehen die Ballons? Wie heißen die Nachbartausender?

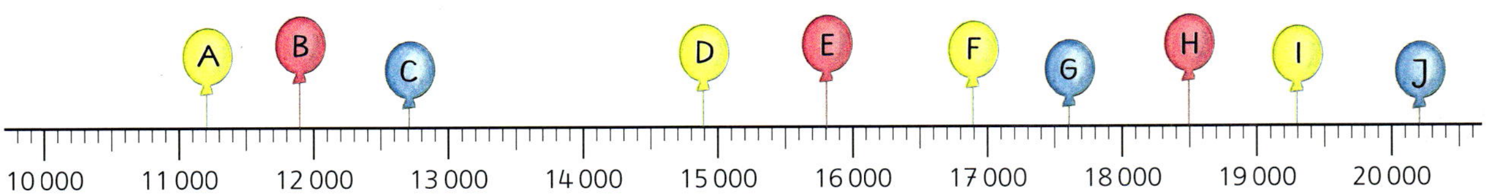

5 Lies die Zahl deinem Nachbarn vor. Er schreibt sie auf und gibt auch den Vorgänger und den Nachfolger an. Wechselt nach jedem Päckchen.

Vorgänger	Zahl	Nachfolger
13099	13100	13101

a) 13 100, 10 000, 5 900
b) 14 099, 13 999, 6 000
c) 15 000, 9 099, 10 999
d) 17 010, 8 009, 13 050
e) 19 990, 12 999, 7 075
f) 10 101, 3 210, 15 151

6 Immer abwechselnd: Einer sagt eine Zahl, der andere schreibt sie auf und schreibt den Vorgänger und den Nachfolger dazu wie in Aufgabe 5.

7 Wie heißt die Zahl?

a) Sie ist um 1000 größer als 9 370.

b) Sie liegt in der Mitte zwischen 8 000 und 16 000.

c) Sie ist um 2 500 kleiner als 17 000.

d) Sie liegt in der Mitte zwischen 13 000 und 16 000.

Weitere Übungen Seite 129

1 Eine Million Rechenkästchen ausmalen. Wie lange würde Zahline dafür brauchen?

a)

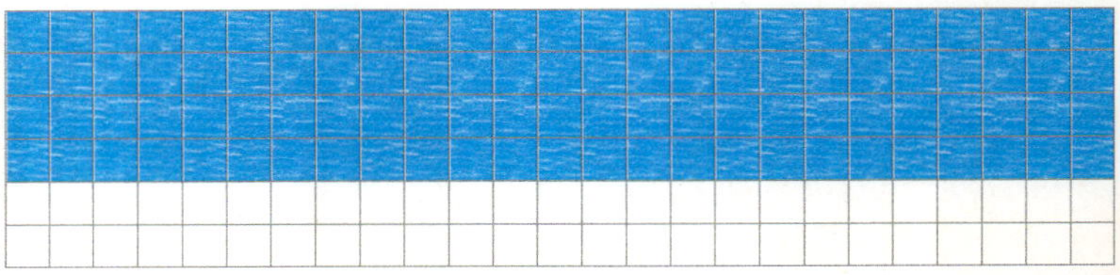

b)

c)

Kästchen	Zeit
100	6 Minuten
	1 Stunde
	5 Stunden
	1 Schulwoche
	4 Schulwochen
1 000 000	

2 a) Auf eine Seite eines kleinen Rechenheftes passen 1 000 Kästchen.
Prüfe nach, wie viele Seiten ein kleines Rechenheft hat.
Wie viele Kästchen sind das?

b) Eine Million Kästchen: Wie viele Hefte sind das?

3

Bilde eine Kette aus 10 Büroklammern. Miss die Länge der Kette.
Knüpfe deine Kette mit den Ketten anderer Kinder zusammen. Miss und rechne.

Klammern	10	100	1 000	10 000	100 000	1 000 000
Länge						

4 Zwei Büroklammern wiegen etwa 1 Gramm.

a)

Klammern	2	10				2 000
Gewicht	1 g		10 g	100 g	500 g	

b) Was ist so schwer wie 2 000 Klammern: Ein Päckchen Butter, eine Tüte Mehl?

c) Was ist so schwer wie 200 000 Klammern: Ein Kind, drei Erwachsene, ein Elefant?

d) Was ist schwerer: Eine Million Büroklammern oder alle Kinder deiner Klasse zusammen? Schätze und rechne.

5 Das Millionen-Haus.
Findest du zehn Aufgaben?

1 000 000
2 · 500 000
700 000 + 300 000

6 Das Ergebnis soll 1 Million sein.

a) 10 · ____
100 · ____
1 000 · ____

b) 5 · ____
50 · ____

7 Kannst du diese Zahlen schreiben?

eine halbe Million

eine viertel Million

eineinhalb Millionen

1

2 Kannst du wie Zahlix, der Ägypter, schreiben?

a) 27
b) 145
c) 12 421
d) 4 311
e) 999
f) 9 999

3 Die alten Ägypter kannten kein Zeichen für die Null. Wie haben sie diese Zahlen geschrieben?

a) 50
b) 1 200
c) 106
d) 3 002
e) 10 020

4 Wie viele Zahlzeichen brauchst du, um diese Zahlen auf ägyptisch zu schreiben?

a) 18 b) 77 c) 99 d) 100 e) 1 771 f) 12 000 g) 9 909

5 Wenn die ägyptischen Schreiber nicht ordentlich hintereinander schrieben, war das nicht so schlimm. Wie heißen die Zahlen?

6 So rechnet und schreibt Zahlix 42 · 10.

7 Schreibe das Zehnfache wie Zahlix. Dann schreibe auch die Mal-Aufgabe.

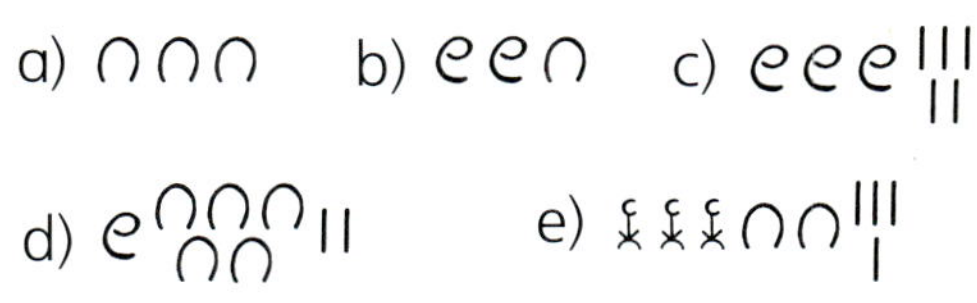

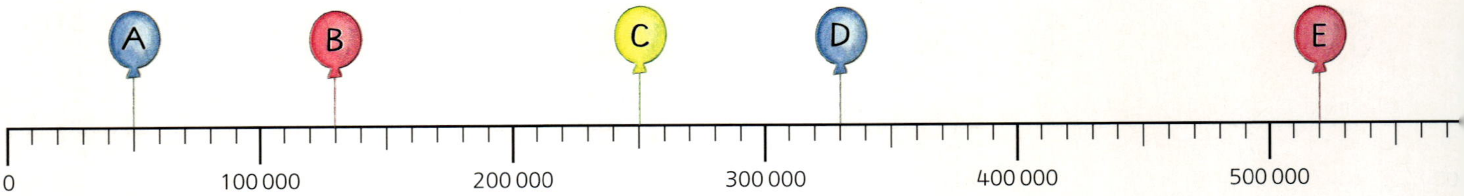

1 Bei welchen Zahlen stehen die Ballons? Schreibe auf: A = 50 000 B = ______

2 Wie weit ist es von den Ballons bis 1 000 000?
Schreibe auf: A) 50 000 + ______ = 1 000 000

3 Welche Zahl liegt genau in der Mitte? Sieh am Zahlenstrahl nach und schreibe auf:
a) Zwischen B und D, b) zwischen A und C, c) zwischen A und F.
d) Zwischen A und B, e) zwischen B und C, f) zwischen C und D.
g) Zwischen F und G, h) zwischen H und I, i) zwischen F und I.

4 Zeige die Zahlen am Zahlenstrahl.
a) 150 000 b) 300 000 c) 450 000 d) 650 000 e) 870 000 f) 1 000 000
g) fünfhunderttausend h) dreihundertfünfzigtausend i) siebenhunderttausend
j) achthunderttausend k) siebenhundertfünfzigtausend l) neunhunderttausend

5 Wähle zwei Zahlen aus und vergleiche.

a)

b)

c)

6 Schreibe zu jeder Zahl den Vorgänger und den Nachfolger auf.
a) 250 000 b) 560 000 c) 450 000
500 000 506 000 45 000
830 000 500 600 4 500

Vorgänger	Zahl	Nachfolger
2 4 9 9 9 9	2 5 0 0 0 0	2 5 0 0 0 1

7 Immer abwechselnd: Einer sagt eine Zahl, die andere schreibt sie auf und schreibt den Vorgänger und den Nachfolger dazu wie in Aufgabe 6.

8 Ordne die Zahlen der Größe nach. Beginne mit der größten Zahl.
a) 9 345 93 451 934 510 9 543 943 510 93 514
b) 7 890 70 980 709 089 70 890 709 809 7 089

9 Wie heißt die Zahl?

a) Sie ist um 100 kleiner als 100 000.

b) Sie ist um 10 000 größer als 299 000.

c) Sie ist um 10 kleiner als eine Million.

d) Sie ist um 100 größer als 99 999.

e) Sie ist um 1 000 kleiner als 110 011.

Weitere Übungen Seite 130

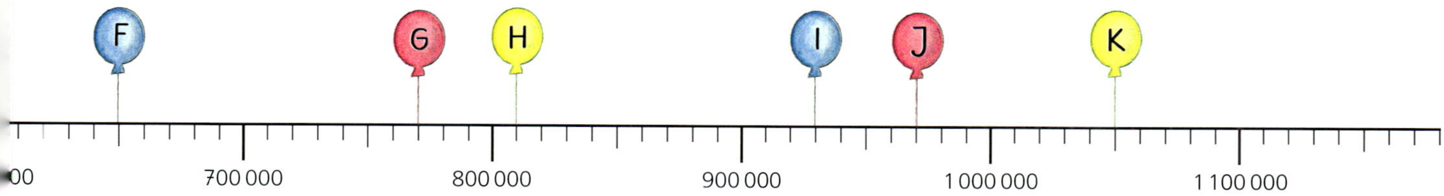

1 Zahlix nimmt den Zahlenstrahl unter die Lupe. Bei welchen Zahlen stehen die Ballons?
Wie heißen die Nachbartausender?
Schreibe wie im Beispiel.

A) 159100 + 900 = 160000
159100 − 100 = 159000

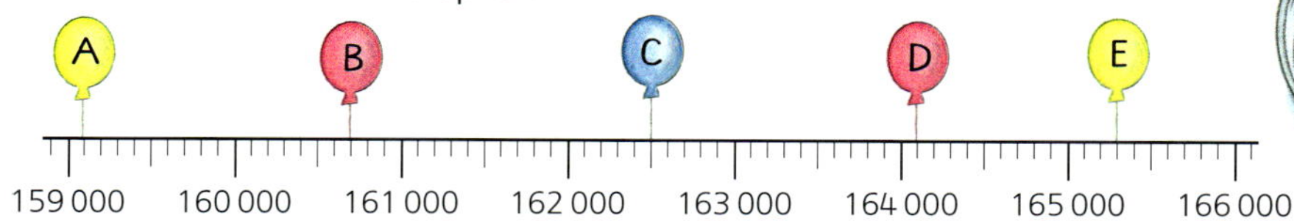

2

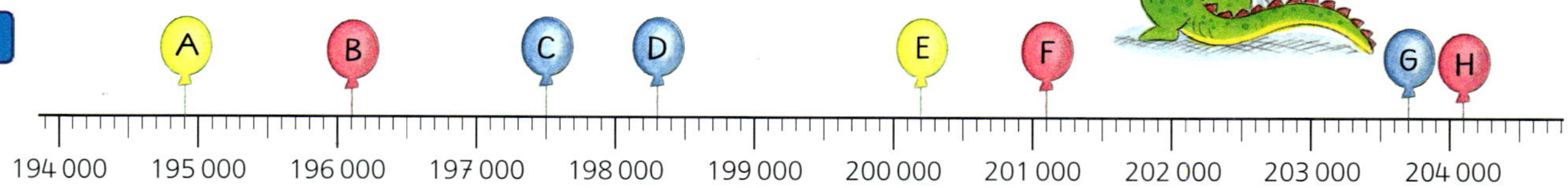

3

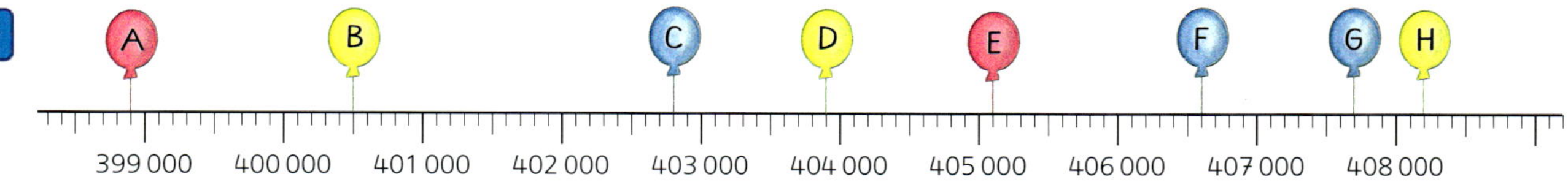

4

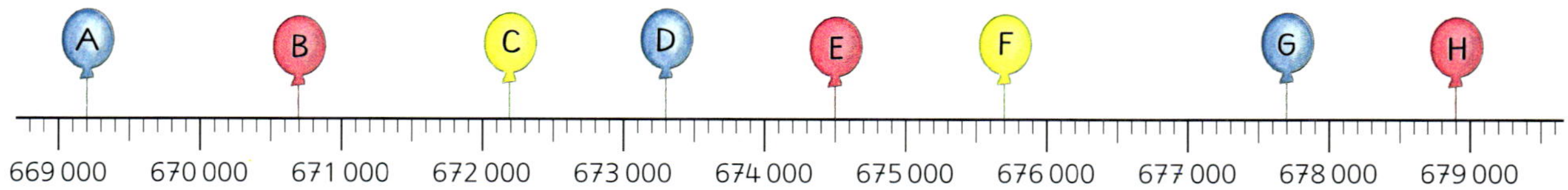

5 Schreibt eine Zahl zwischen 200 000 und 700 000 auf.

300000 370000 374659 380000 400000

a) Das eine Kind schreibt links und rechts die Nachbarzehntausender daneben und unterstreicht den Zehntausender blau, der am nächsten an der Zahl liegt.

b) Das andere Kind schreibt dann links und rechts die benachbarten Hunderttausender daneben und unterstreicht den Hunderttausender rot, der am nächsten an der Zahl liegt.

6 a) Schreibt eine Zahl zwischen 20 000 und 80 000 auf. Dann schreibt erst die Nachbartausender, dann die Nachbarzehntausender daneben. Unterstreicht wie in Aufgabe 5.

b) Schreibt eine Zahl zwischen 500 000 und 600 000 auf. Dann verfahrt ebenso.

7 Welche Zahl kann es sein? Es gibt viele Möglichkeiten. Schreibe immer fünf Beispiele auf.

a) Ihr nächstgelegener Tausender ist 36 000.

b) Ihr nächstgelegener Zehntausender ist 470 000.

c) Ihr nächstgelegener Hunderter ist 12 400.

d) Ihr nächstgelegener Zehntausender ist 200 000.

Weitere Übungen Seite 130

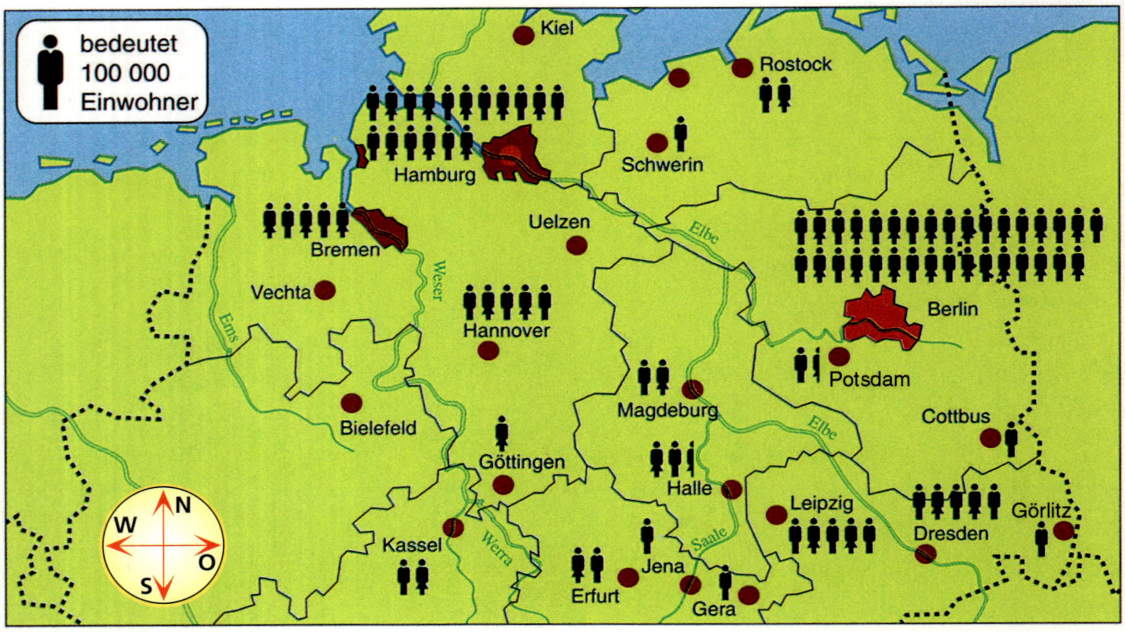

1 Wie viele Einwohner haben die Städte ungefähr?

a) Berlin
Potsdam

b) Hamburg
Bremen

c) Leipzig
Halle

d) Erfurt
Gera

e) Rostock
Schwerin

2 a) Welche Stadt in der Karte hat die meisten Einwohner?
b) Welche Städte in der Karte haben ungefähr 100 000 Einwohner?

Kartei

3 Welche Städte haben nach der Karte gleich viele Einwohner? Prüfe nach im Internet.

4 Welche Stadt kann es sein?
a) Sie hat ungefähr doppelt so viele Einwohner wie Halle.
b) Sie hat etwa halb so viele Einwohner wie Berlin.
c) Sie hat etwa fünfmal so viele Einwohner wie Schwerin.

5 a) Welche Stadt hat ungefähr eine halbe Million Einwohner?
b) Welche Stadt hat ungefähr eine Viertelmillion Einwohner?

6 Welche Städte haben zusammen eine Million Einwohner? Gib zwei Lösungen an.

7 a) Wie viele Einwohner haben die drei südlichsten Städte ungefähr zusammen?
b) Wie viele Einwohner haben die Städte Leipzig, Magdeburg und Potsdam ungefähr zusammen?

8 Kann das sein?

1 a) Wie viele Einwohner könnten die Orte genau haben? Gib jeweils zwei Beispiele an.
b) Wie viele Einwohner hat dein Ort? Welche Zahl merkst du dir?

2 a) Lea will die Zahlen runden. Erkläre, was sie beachten muss.

56 287 *gerundet* auf Hunderter: 56 287 ≈ 56 300
56 287 *gerundet* auf Tausender: 56 287 ≈ 56 000
56 287 *gerundet* auf Zehntausender: 56 287 ≈ 60 000

b) Runde ebenso auf Hunderter, Tausender und Zehntausender.
63 711   82 079   112 791

3 Runde auf Hunderttausender.

a) 312 719, 780 569
b) 588 678, 850 072
c) 450 000, 999 870
d) 545 454, 454 545

4 Eine Ziffer ist nicht lesbar. Wie kann die Zahl wohl heißen?

a) 3■3 789 ≈ 350 000
7■7 777 ≈ 760 000

b) 2■8 134 ≈ 250 000
9■2 099 ≈ 940 000

c) 6■1 987 ≈ 700 000
1■7 846 ≈ 200 000

5 Das sind die genauen Einwohnerzahlen am 1. 1. 2004.
Hannes rundet sie auf die größte Stelle.

Frankfurt/O. 72 131 ≈ 70 000

Frankfurt/Oder	72 131	Wismar	47 031	Brandenburg	77 516
Eberswalde	44 623	Parchim	20 048	Arendsee	3 084
Cottbus	112 169	Grimmen	11 565	Jena	99 893

6 Die Zuschauerzahl wird in den Meldungen ganz unterschiedlich angegeben.
Wie hoch ist die genaue Zahl der Zuschauer, für wen sind die anderen Angaben wichtig?

Kartei

Cottbus. Zum Abschluss der Saison kamen noch einmal 41 376 zahlende Zuschauer ins Stadion und sahen ein spannendes Fußballspiel, dass alle

Noch einmal kamen fast 42 000 Zuschauer zum gelungenen Abschluss der diesjährigen Bundesligasaison.

Über 40 000 begeisterte Fans feierten mit ihren Idolen einen gelungenen Abschluss. Sie werden

Wieder war das Stadion, das ein Fassungsvermögen von 43 000 Zuschauern aufweist, fast ausver-

Weitere Übungen Seite 130

1 Nimm die Zahlen von 350 bis 700. Schreibe auf:

a) die Vielfachen von 50,

b) die Vielfachen von 70,

c) die gemeinsamen Vielfachen.

2 Schreibe die gemeinsamen Vielfachen von 40 und 60 zwischen 300 und 700 auf.

3 Sven behauptet: 400 ist ein Vielfaches von 40, 50, 80, 100 und 400. Stimmt das?

4 a) Schreibe alle Teiler der folgenden Zahlen auf:

180   360   240

b) Welche Teiler haben die drei Zahlen gemeinsam?

5 Finde fünf Zahlen mit dem Teiler 40.

6 Finde fünf Zahlen mit dem Teiler 60.

1 Runde jede Zahl auf Hunderter, Tausender, Zehntausender.

64 894   512 341   897 394

2 Hier sind Zahlen auf Hunderttausender gerundet. Überprüfe.

a) 171 612 ≈ 200 000
364 172 ≈ 300 000

b) 983 794 ≈ 1 000 000
97 101 ≈ 90 000

3 Für eine Musikshow werden 14 780 Karten verkauft. Ein Radiosprecher gibt die Anzahl der Besucher mit ungefähr 15 000 an. Stimmt das?

1 Wie heißen die Zahlen?

a) Nachfolger von 17 395   259 999   270 000   657 899

b) Vorgänger von 19 447   112 200   440 000   700 000

2 Vergleiche. <, >, =

a) 7 357 ○ 7 657
12 580 ○ 12 583
13 446 ○ 13 446

b) 576 950 ○ 577 950
688 719 ○ 698 719
453 917 ○ 453 918

c) 236 914 ○ 36 412
17 802 ○ 170 000
9 999 ○ 90 909

3 Schreibe die Zahlen auf.

a) 17 H
43 H

b) 43 T
28 T

c) 10 HT
12 HT

d) 6 T + 28 H
8 T + 21 H

e) 6 ZT + 11 T
4 HT + 17 ZT

4 2   4   6   8   0

a) Schreibe die größte und die kleinste Zahl auf, die du mit den Ziffernkärtchen bilden kannst.

b) Berechne den Unterschied zwischen beiden Zahlen.

c) Verwende ein Ziffernkärtchen doppelt, sodass deine Zahl gerundet 870 000 ergibt.

1 Bei einer Klassenfahrt kostet eine Übernachtung mit Frühstück für Kinder 22 € und für Erwachsene 26 €.

a) Wie viel Euro würde eine Übernachtung für die Klasse 4 b mit 8 Mädchen und 12 Jungen kosten?

b) Berechne die Gesamtkosten für die Übernachtung der Klasse 4 b, wenn noch vier Begleitpersonen mitfahren.

c) „Bei zwei Übernachtungen muss ich mehr als 1000 € einzahlen", sagt die Lehrerin. Stimmt das?

2 a) Berechne die Gebühren für vier Stunden Parkdauer. Lohnt sich der Kauf einer 12-Stunden-Karte?

b) Frau Schulze fährt um 10.15 Uhr in das Parkhaus. Um 12.10 Uhr bezahlt sie die Parkgebühren.

c) Herr Nicklaus fährt um 8.35 Uhr in das Parkhaus. Um 11.40 Uhr fährt er wieder hinaus.

3 Wie viel Stunden und Minuten sind vergangen?

a) Von 7.30 Uhr bis 9.45 Uhr,
von 8.45 Uhr bis 12.30 Uhr,
von 11.27 Uhr bis 13.13 Uhr,

b) Von 19.57 Uhr bis 21.25 Uhr,
von 21.14 Uhr bis 24.00 Uhr,
von 23.35 Uhr bis 5.15 Uhr.

1 a) Zeichne vier Kreise mit demselben Mittelpunkt.

b) Zeichne fünf Kreise mit demselben Mittelpunkt. Der Radius soll immer 1 cm größer werden.

2 Zeichne ein Quadrat mit einer Seitenlänge von 5 cm. Teile es dann in kleine Quadrate mit einer Seitenlänge von 1 cm ein.
Wie viele kleine Quadrate sind es?
Male sie farbig.

3 Zeichne zu einer Geraden vier parallele Geraden. Der Abstand soll immer 2 cm sein.

4 Zeichne in ein Quadrat (Seitenlänge 6 cm) ein halb so großes Quadrat ein.

Was kostet es einzeln?

a)

zusammen 2,40 €

zusammen 1,70 €

b)

zusammen 3,80 €

zusammen 2,45 €

c)

zusammen 2,40 €

zusammen 1,45 €

1 a) Lege mit Stäben: Rechtecke Quadrate Parallelogramme
b) Zeichne die Figuren mit dem Geodreieck.

2 Suche im Bild alle Vierecke. Welche entdeckst du?

a)

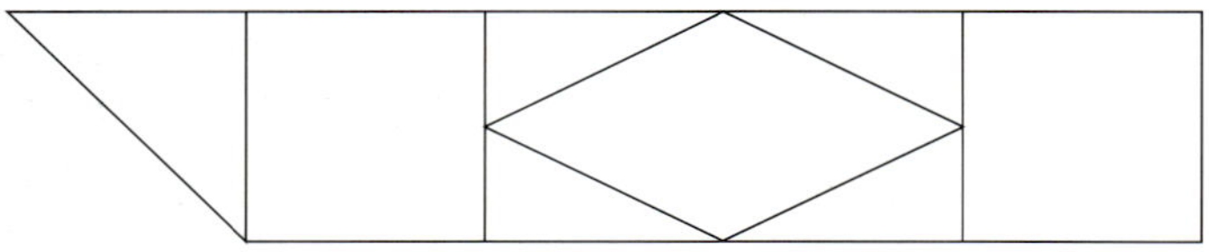

b)

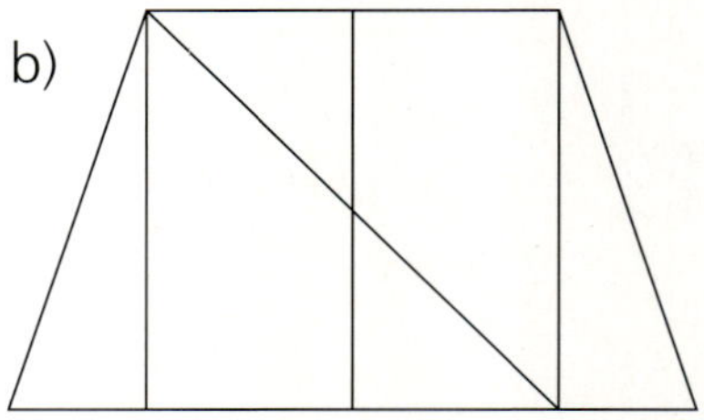

3 Welche Teile ergeben zusammen Rechtecke, Quadrate, Parallelogramme?
Es gibt viele Möglichkeiten.

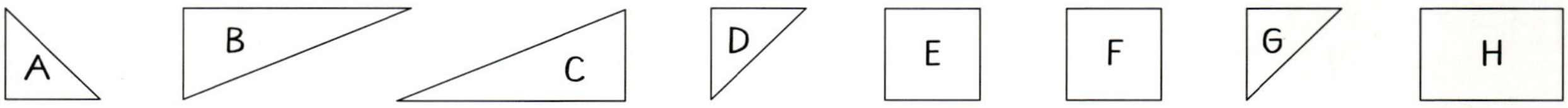

4 Ronja, Frank, Carola und Stefan haben Drachen gebastelt. Sie erhielten dafür gleich lange Leisten. Was sagst du zu ihren Drachen?

1 Schau dir die zwölf Figuren an. Welche Eigenschaften haben alle Figuren gemeinsam?

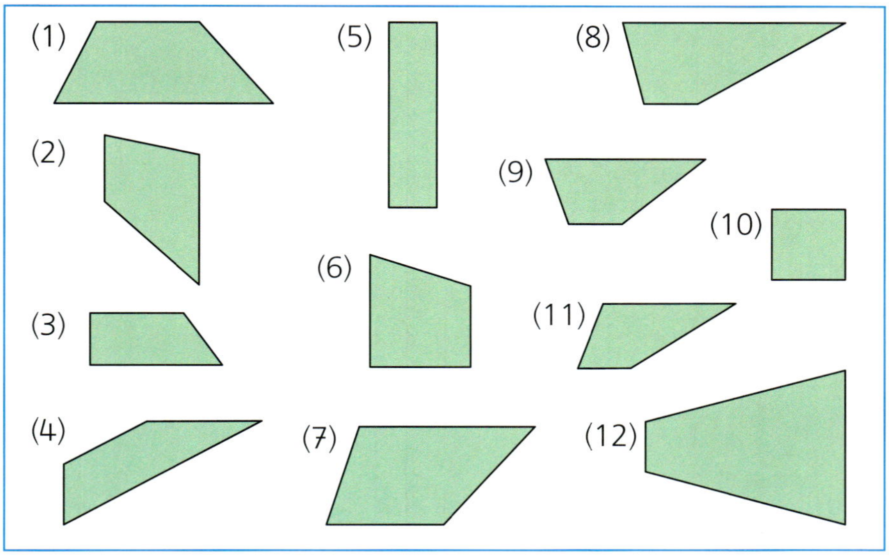

Ein Viereck, bei dem mindestens zwei Seiten parallel sind, heißt Trapez.

2 a) Wie viele Trapeze erkennst du am Haus?
b) Wie viele rechteckige Flächen erkennst du am Haus?

3 Gibt es Flächen am Haus, die aussehen wie ein Drachen?

4 Zeichne ein Rechteck. Zerlege es dann mit Trinkhalmen. Wie heißen die Vierecke, die entstehen?

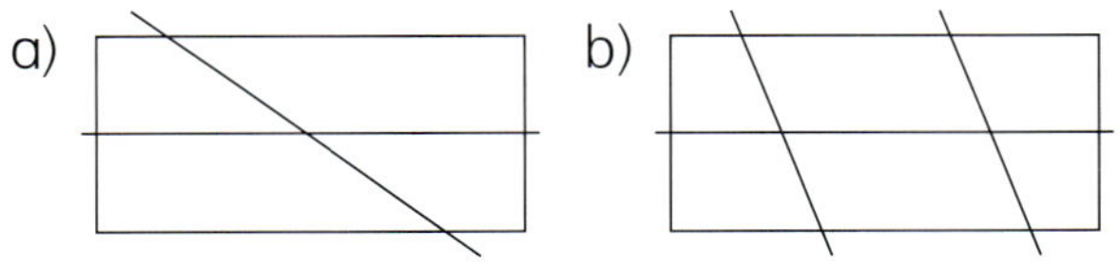

5 Zeichne verschiedene Trapeze. Benutze das Geodreieck oder Lineal und Dreieck.

6 Erkläre die Tabelle.

Quadrat	Rechteck	Parallelogramm	Trapez
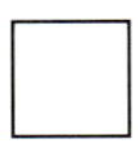	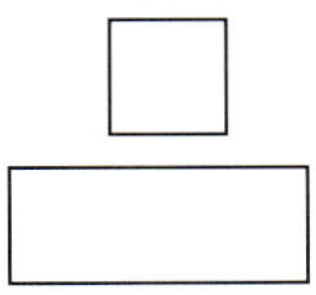	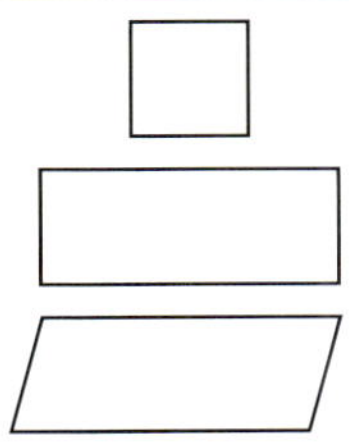	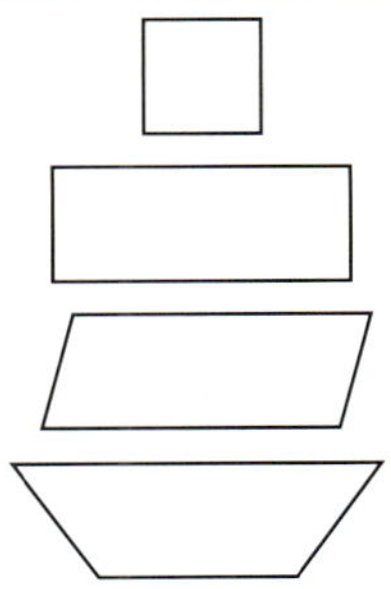

1

Zeichne viele Kreise.
Male das Muster schön aus.

2

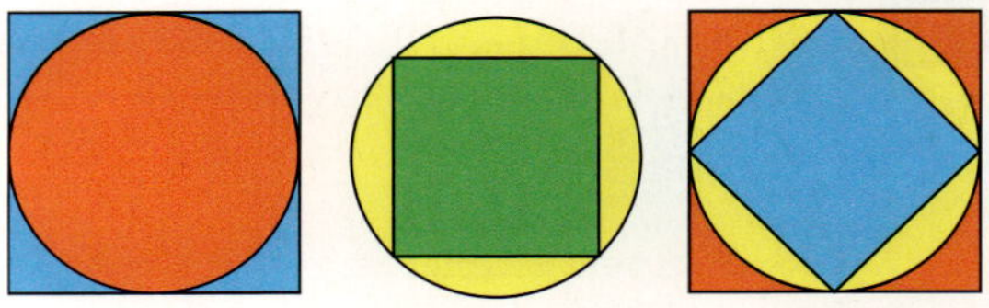

Zeichne und male die Muster aus.

a) Ein Quadrat, 6 cm lang, und darin einen Kreis.

b) Ein Quadrat, 6 cm lang, und darum einen Kreis.

c) Wer kann das: ein Quadrat, darin ein Kreis, darin wieder ein Quadrat? Wie geht es weiter?

d) Erfinde noch mehr Muster mit Kreisen und Quadraten.

3

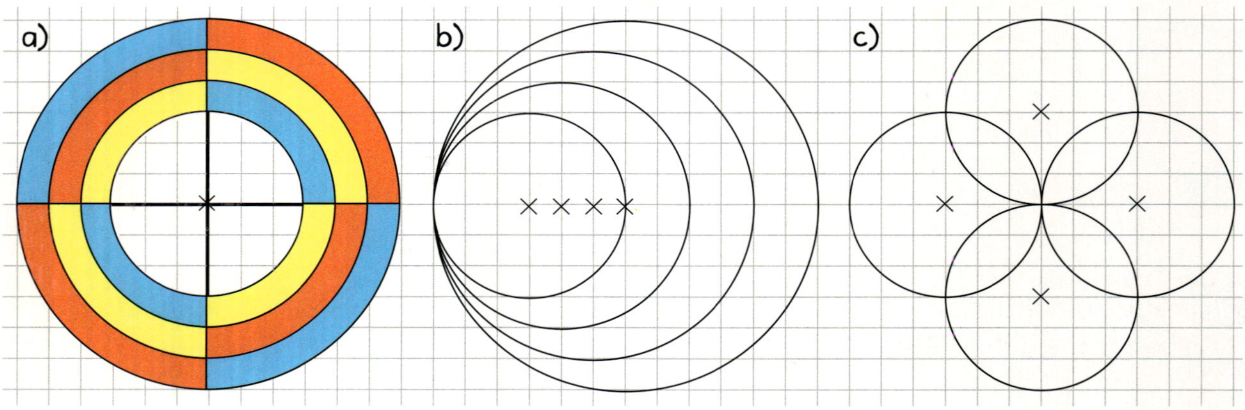

4 Zeichne solche Muster.
Male sie schön aus.

a)

b)

c)

5 Acht Punkte auf dem Kreis.

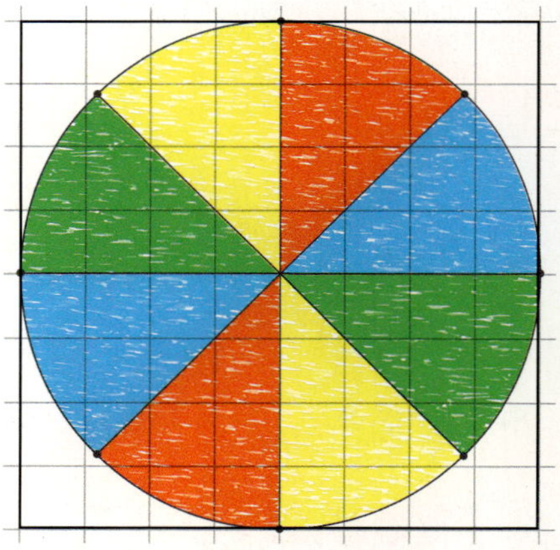

a) Zeichne einen Kreis mit dem Radius 4 cm.
Zerlege ihn in acht gleich große Teile.
Worauf musst du achten?

b) Kannst du den Kreis auch in 16 gleich große Teile zerlegen?

1 Das Rechteck liegt auf dem Karopapier und ist an der Ecke links unten mit einer Reißzwecke befestigt. Es werden nacheinander vier Vierteldrehungen vorgenommen. Beschreibe die Lage nach der Vierteldrehung. Eine Zeichnung aus freier Hand kann dir helfen.

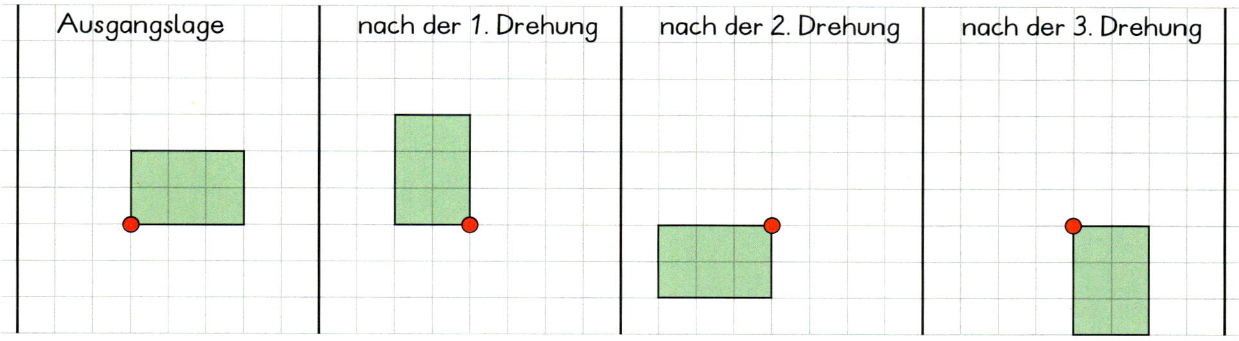

2 Drehe, immer eine Vierteldrehung.

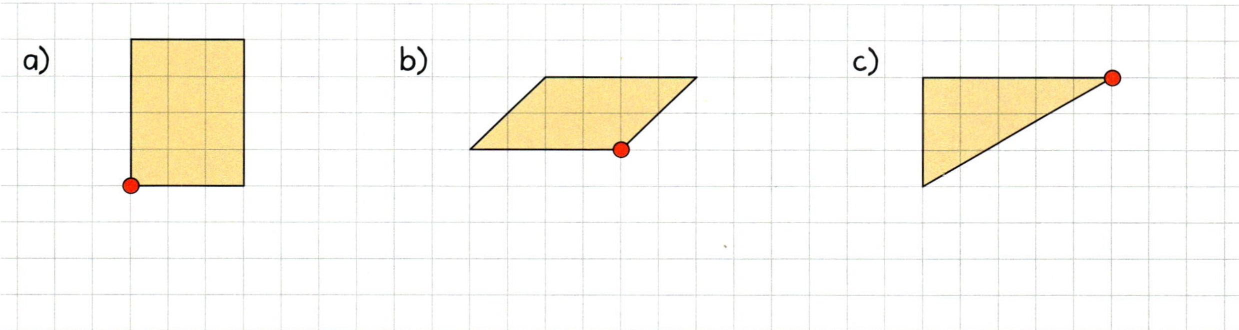

3 Sabine behauptet: „Zwei Vierteldrehungen ergeben zusammen eine Halbdrehung." Prüfe die Behauptung von Sabine nach. Zeichne eine Skizze.

4 Übertrage das Bild in dein Heft und mache eine Halbdrehung.

5 Zeichne die Figuren ab und mache drei Vierteldrehungen.

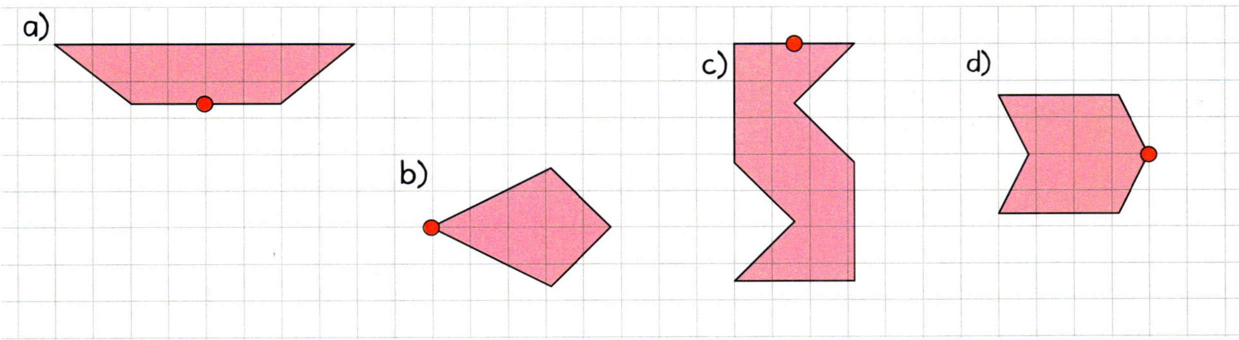

1 Beschreibe die Verschiebung.

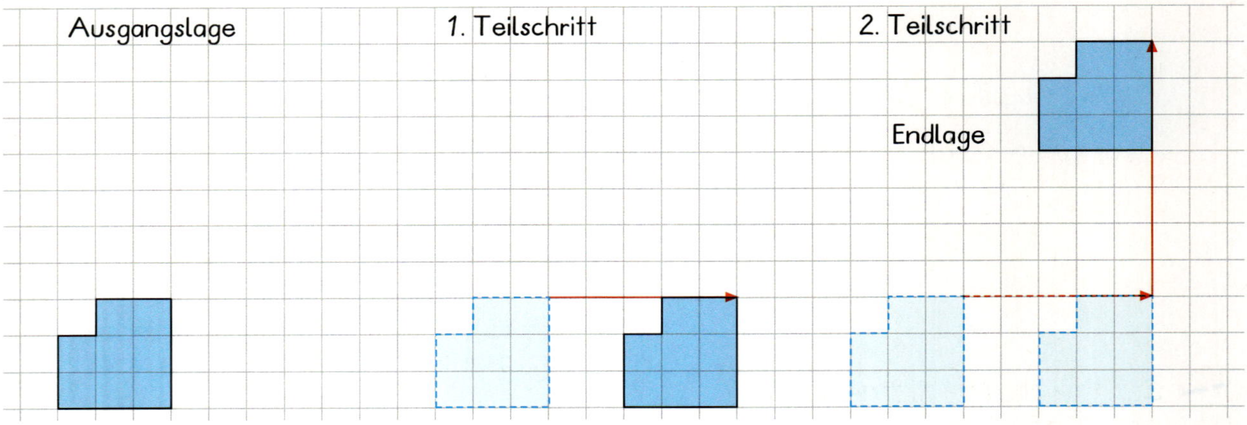

2 Zeichne und verschiebe um 6 Karolängen nach rechts.

3 Übertrage ins Heft und führe die angegebene Verschiebung durch.

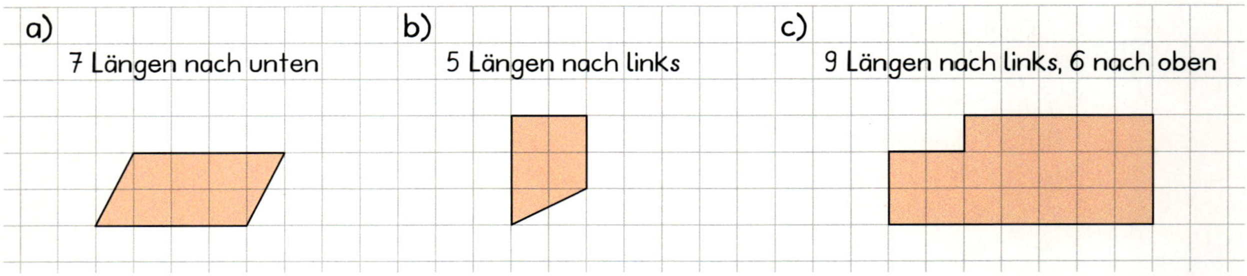

4 Beschreibe die Verschiebung.

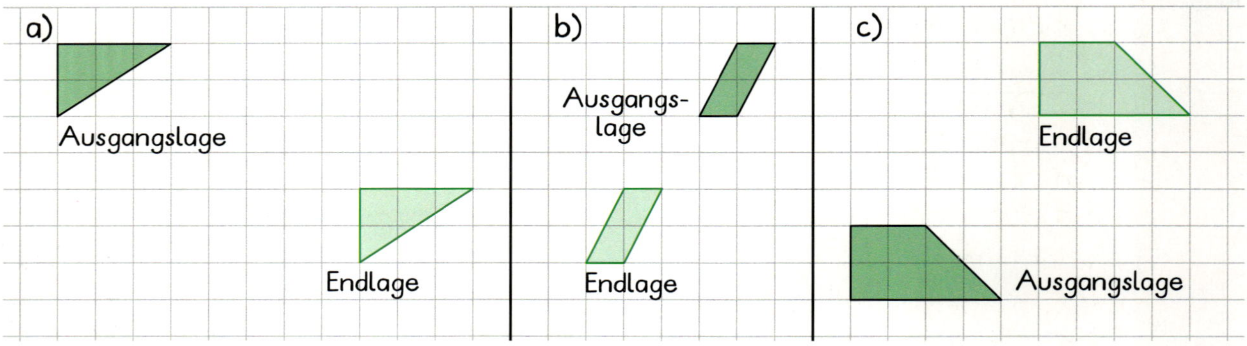

5 Stelle dir eine solche Schablone her.

1 Abgebildet ist eine Skizze vom Balkon an der Wohnung von Michaela und Thorsten.
Übertrage den rechteckigen Balkon in dein Heft.
Nimm eine Karolänge im Heft für 10 cm in der Wirklichkeit.

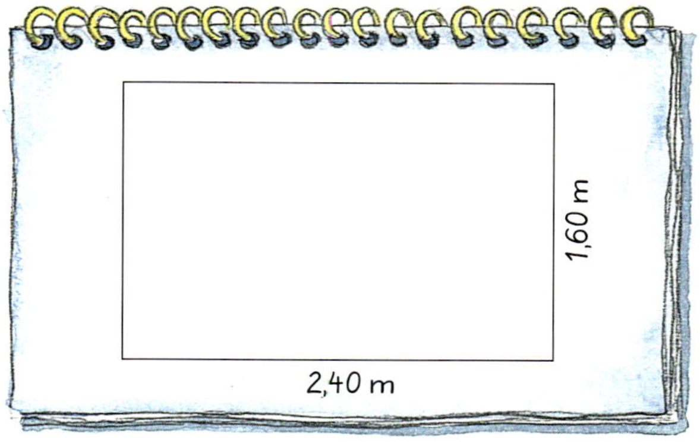

2 Der Balkon von Michaelas und Thorstens Wohnung soll gefliest werden.
Setzt euch in Gruppen mit jeweils drei Kindern zusammen, haltet die Zeichnung aus Aufgabe 1 bereit und beantwortet die folgenden Fragen.

a) Welche Fliesengröße kommt in Frage?

b) Wie viel Stück der in Frage kommenden Fließengröße werden benötigt?

3 Kathrins Kinderzimmer ist rechteckig und 4 m lang und 3 m breit.

a) Wie viele XXL-Fliesen braucht man, um den Boden von Kathrins Kinderzimmer auszulegen? Eine Skizze aus freier Hand kann dir helfen.

b) Kathrins Freundin Natalie meint: „Von den XL-Fliesen hätte man doppelt so viele gebraucht, denn sie sind nur halb so lang und breit wie die XXL-Fliesen.“ Was sagst du dazu?

c) Wie viele L-Fliesen werden benötigt, um den Boden in Kathrins Kinderzimmer auszulegen?

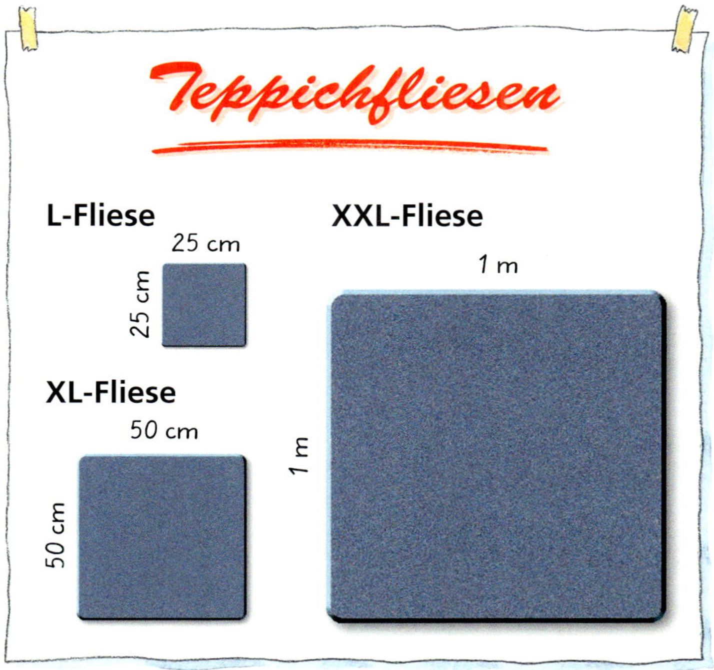

4 Stell dir vor, euer Klassenzimmer soll mit Teppichfliesen der Größe XL (Aufgabe 3) ausgelegt werden. Miss gemeinsam mit anderen die Länge und die Breite eures Klassenzimmers. Fertigt eine Zeichnung an (1 cm im Heft für 1 m in Wirklichkeit) und überlegt, wie viele XL-Fliesen gebraucht werden.

1 Stellt ein Quadrat her: jede Seite 1 m lang.

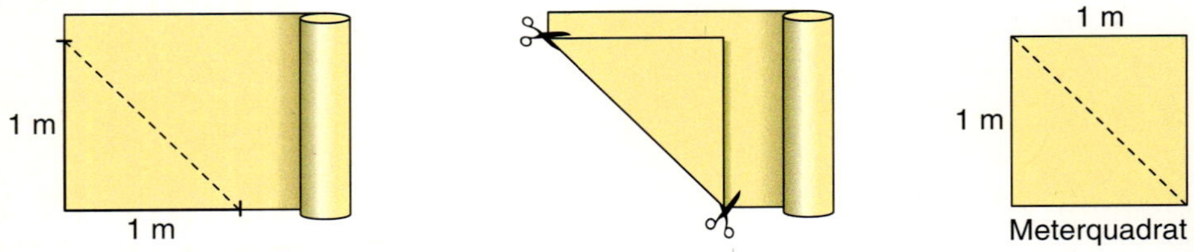

Papier abrollen. Von einer Ecke zu beiden Seiten 1 m abmessen. Punkte verbinden.

Entlang der Linie falten. Entstandenes Dreieck ausschneiden. Dreieck aufklappen.

2 Legt mit euren Meterquadraten auf dem Schulhof Flächen, die 6 Quadratmeter (12 Quadratmeter, 20 Quadratmeter) groß sind.

3 Kann das sein?

4

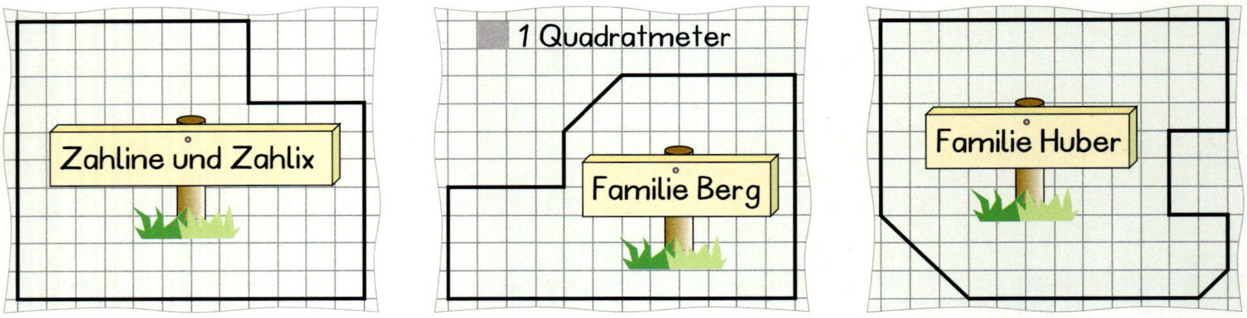

Jedes Kästchen auf dem Plan ist in Wirklichkeit ein Quadratmeter groß.

a) Die Kinder haben ausgerechnet, wie groß der Garten von Zahlix und Zahline ist. Wie haben sie gerechnet?

Tina $10 \cdot 8 + 7 \cdot 4 = 108$
108 Quadratmeter

Maike $3 \cdot 8 + 7 \cdot 12 = 108$
108 Quadratmeter

Hanna $10 \cdot 12 - 3 \cdot 4 = 108$
108 Quadratmeter

b) Wie groß ist der Garten von Familie Berg (von Familie Huber)?

5 Familie Schmitt möchte den größten Garten pachten.

6 Zeichne Gärten: a) 60 Quadratmeter b) 80 Quadratmeter c) 100 Quadratmeter

1 Um den Garten von Familie Schmitt soll ein Zaun gezogen werden.

a) Berechne den Umfang des Gartens.

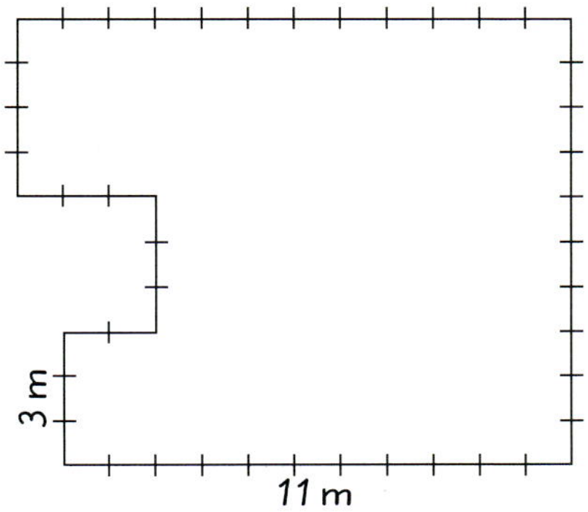

b) Für das Gartentor wird 1,20 m Platz gelassen. Wie viel Meter Zaun werden gebraucht?

2 Flocke und Socke sind Zahlines Zwergkaninchen.
Sie sollen einen großen Auslauf bekommen. Zahline legt mit Stäbchen den Zaun.
Für jeden Meter legt sie ein Stäbchen. Wie groß ist der Umfang?
Zahline meint: „Die Fläche ist jedesmal 9 Quadratmeter groß."
Stimmt das?

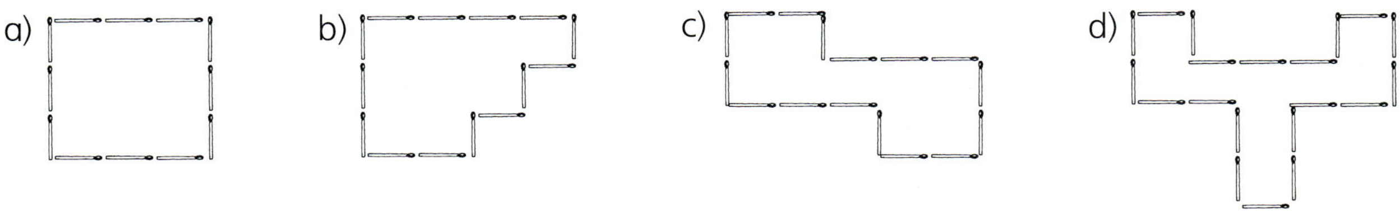

3 Ein Stäbchen für 1 m Zaun: Wie groß ist der Umfang?
Wie viel Quadratmeter ist die Fläche groß?

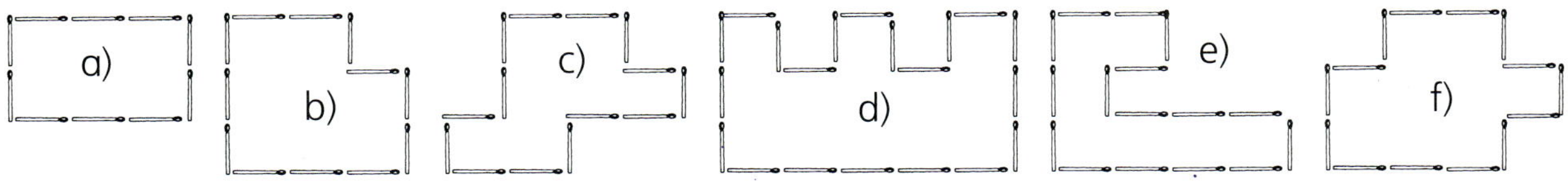

4 Zäune eine Fläche mit Stäbchen ein. Nimm ein Stäbchen für 1 m Zaun.

a) Die Fläche soll 16 Quadratmeter groß sein. b) Die Fläche soll 12 Quadratmeter groß sein.
Es gibt mehrere Möglichkeiten. Wie viele Stäbchen brauchst du? Wie groß ist der Umfang?

5 Nimm 20 Stäbchen. Zäune eine Fläche ein. Es gibt viele Möglichkeiten.
Wie viel Quadratmeter ist die Fläche jeweils groß?

6 Findest du solche Flächen? So viele Stäbchen / So viel Quadratmeter groß sind sie.

a) 12 Stäbchen / 8 Quadratmeter

b) 12 Stäbchen / 9 Quadratmeter

c) 20 Stäbchen / 16 Quadratmeter

d) 18 Stäbchen / 8 Quadratmeter

7 a) Diese Fläche ist 15 Quadratmeter groß.
Wie groß ist der Umfang? (ein Stäbchen für 1 m Zaun)

b) Die Fläche soll doppelt so groß werden.
Wie viele Stäbchen brauchst du mehr?
Es gibt mehrere Möglichkeiten.

Addieren und Subtrahieren

1

1. Summand
70002
70020
70200
72000
27000
20700
20070
20007

2. Summand
18000
1800
180
18
81
810
8100
81000

Zahlix und Zahline haben mit vielen Nullen und zwei anderen Ziffern Muster aus Zahlen gebildet.

a) Lies deiner Nachbarin die Zahlen vor.

b) Bildet mit den Ziffern 4 und 6 ein Muster wie Zahlix.

c) Bildet mit 9 und 5 ein Muster wie Zahline.

2 Zahlix und Zahline suchen aus ihren Mustern eine Zahl aus und addieren die beiden Zahlen. Viele Aufgaben sind ganz leicht. Schreibt zehn leichte Aufgaben auf.

1. Summand plus 2. Summand

3

a) Manche Aufgaben kannst du in Schritten lösen. Schreibe solche Aufgaben auf.

b) Wie heißt die Aufgabe mit der kleinsten Summe?

c) Wie heißt die Aufgabe mit der größten Summe?

4 a) Bilde mit den Ziffern 4 und 8 ein Zahlen-Muster wie Zahlix. Dein Nachbar bildet mit 6 und 7 ein Muster wie Zahline.

b) Schreibt Additionsaufgaben auf: Du schreibst den 1. Summanden, dein Nachbar den 2. Summanden. Du rechnest aus. Nach vier Aufgaben wechselt ihr.

c) Wie viele verschiedene Additionsaufgaben gibt es?

5

a)	b)	c)	d)
20 100 + 3 800	60 400 + 3 700	50 080 + 4 200	30 090 + 13
20 100 + 380	60 400 + 370	50 080 + 420	39 090 + 130
20 100 + 38	60 400 + 37	50 080 + 42	39 090 + 13 000

Oft hilft es schrittweise zu rechnen.

1

3 568 + 5
40 555 + 8
23 328 + 9
17 896 + 5
18 695 + 7
55 396 + 8

Quersumme 18

2

2 525 + 30
59 230 + 70
91 080 + 80
66 170 + 60
24 298 + 10
70 851 + 50

Quersumme 17

3

3 242 + 500
87 600 + 400
60 750 + 700
71 961 + 100
42 436 + 600
21 955 + 300

Quersumme 16

4

7 932 + 3 000
42 111 + 6 000
75 322 + 5 000
29 071 + 5 000
57 521 + 4 000
97 333 + 8 000

Quersumme 15

5

71 000 + 3 300
24 300 + 3 200
42 700 + 2 800
55 800 + 1 400
38 200 + 8 200
98 400 + 6 500

Quersumme 14

6 Finde immer zehn Additions-Aufgaben, die zu dem Haus passen.

7

45 000 + 22 000
23 100 + 43 000
47 000 + 38 000
29 400 + 16 000
73 066 + 27 000
41 700 + 91 000

Quersumme 13

8

620 000 + 220 000
226 000 + 110 000
302 000 + 340 000
650 000 + 280 000
170 040 + 360 000
890 029 + 110 000

Quersumme 12

9

401 000 + 204 000
201 200 + 303 000
307 000 + 208 000
226 200 + 107 000
594 002 + 306 000
597 055 + 403 000

Quersumme 11

10 Rechne die einzelnen Aufgaben im Kopf. Dann addiere die Ergebnisse mit dem Taschenrechner. Du erhältst die Schatzzahl.

a) 11 808 | 18 080 + 2 | 20 | 200

b) 9 157 | 9 555 + 5 | 50 | 500

c) 19 099 | 9 979 + 1 | 10 | 100

d) 28 900 | 77 100 + 3 000 | 30 000

e) 18 300 | 80 700 + 2 000 | 20 000

Weitere Übungen Seite 131

1

2

a) 29 999 + 33 001
29 999 + 28 001

b) 69 999 + 15 001
69 999 + 16 661

c) 400 001 + 99 999
105 002 + 99 998

d) 100 998 + 8 002
100 998 + 87 002

3

a) 49 999 + 713
49 999 + 1 845

b) 79 999 + 6 007
79 999 + 4 849

c) 24 443 + 99 999
68 862 + 99 999

d) 109 999 + 20 014
109 999 + 67 778

4 Im Kopf oder schriftlich? Wie geht es schneller? Überlege bei jeder Aufgabe neu.

a) 60 202 + 6 000
76 650 + 7 372
32 040 + 2 410
91 399 + 201
64 646 + 584
73 180 + 60

b) 13 080 + 13 000
16 852 + 12 189
23 000 + 56 000
33 599 + 22 001
58 897 + 53 709
39 999 + 57 001

c) 99 999 + 450 223
450 000 + 340 000
207 022 + 762 978
430 065 + 70 000
407 200 + 30 000
640 614 + 63 409

5

a) Bestimme den Quotienten aus 55 und 11. Addiere 300 003.

b) Berechne die Differenz von 100 000 und 900 000. Addiere 30 000.

c) Addiere zu 800 098 die Hälfte von 404.

d) Subtrahiere 600 von 800 600. Addiere zur Differenz die Summe von 1 999 und 1 001.

e) Addiere 184 567 und 123 456. Subtrahiere 23 von der Summe.

f) Addiere zu 799 998 das Doppelte von 16.

g) Dividiere 495 durch 5 und addiere dann noch 300 701.

h) Bestimme das Produkt von 23 und 3. Addiere 300 011.

i) Addiere die Hälfte von 6 zu 800 000.

Weitere Übungen Seite 131

Zahlix und Zahline erinnern sich an ein Spiel mit Ziffernkärtchen, das sie früher schon einmal gespielt haben. Sie wählen die Ziffernkärtchen von 1 bis 8. Jeder nimmt vier Kärtchen und steckt sie auf seinen Pfeil. Dann zielen sie.

1 Spielt wie Zahlix und Zahline.

2

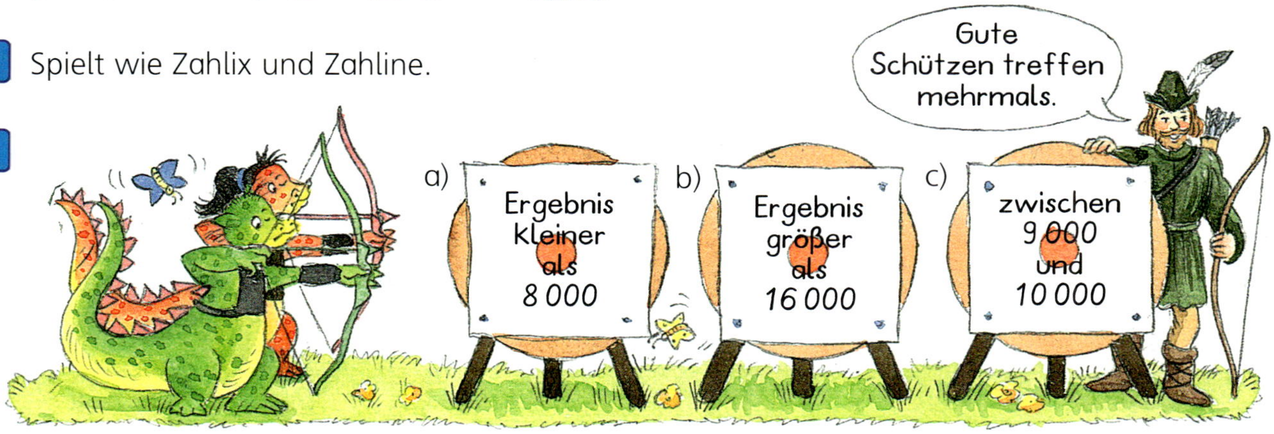

3 Zielen mit einem langen und einem kurzen Pfeil. Zahline steckt fünf Kärtchen auf den langen Pfeil, Zahlix die übrigen drei Kärtchen auf den kurzen Pfeil.

d) Hat Zahlix recht? Schreibe eine Begründung auf.

4 Langer Pfeil und kurzer Pfeil. Nun muss genauer gezielt werden.

5 Dieselben Zielscheiben wie in Aufgabe 4. Du darfst aber auch zwei Pfeile mit vier Ziffernkärtchen benutzen. Gibt es neue Lösungen?

6 Nehmt die zehn Ziffernkärtchen von 0 bis 9.
Denkt euch selbst Zielscheiben aus, leichte und schwere.

1 Zahlix und Zahline haben viele Zahlen auf die Segel ihrer Boote geschrieben. Erzähle.

Nun suchen sie sich aus ihren Segeln jeweils eine Zahl aus und subtrahieren die Zahlen.

a) Schreibe zehn Subtraktionsaufgaben auf, die du leicht lösen kannst.

b) Schreibe zehn Subtraktionsaufgaben auf, die du schwierig findest.

2 Bildet Zahlenmuster wie Zahlix und Zahline mit den Ziffern 7 und 3 und vielen Nullen.

a) Schreibt Subtraktionsaufgaben auf: Du schreibst eine Zahl wie Zahlix, dein Nachbar eine Zahl wie Zahline. Du rechnest aus. Nach vier Aufgaben wechselt ihr.

b) Wie viele Aufgaben gibt es, bei denen im Ergebnis die Ziffer 9 **nicht** auftaucht?

c) Wie heißt die Aufgabe, bei der im Ergebnis am häufigsten die Ziffer 9 auftaucht?

3

a)	b)	c)	d)
8 000 − 2 000	60 000 − 30 000	500 000 − 40 000	1 000 000 − 400 000
8 000 − 200	60 000 − 300	500 000 − 4 000	1 000 000 − 40 000
8 000 − 20	60 000 − 3	500 000 − 40	1 000 000 − 4

4

Zahlix hat sich für sein neues Segel noch eine Ziffer dazu geholt.

a) Schreibe zehn Subtraktionsaufgaben auf, die leicht zu lösen sind.

b) Schreibe zehn Subtraktionsaufgaben auf, die du schwierig findest.

5

a)	b)	c)	d)
9 149 − 5	6 483 − 40	9 000 − 200	8 701 − 1 000
17 260 − 7	44 690 − 60	29 800 − 300	58 140 − 3 000
37 340 − 8	21 874 − 50	63 840 − 500	49 721 − 8 000
45 152 − 8	59 200 − 80	91 000 − 300	80 000 − 2 000
71 025 − 6	44 320 − 50	56 000 − 400	30 202 − 1 000
60 741 − 9	72 350 − 90	35 100 − 200	52 121 − 5 000
Quersumme 18	Quersumme 17	Quersumme 16	Quersumme 15

6 Ein Bär kann 50 Jahre alt werden, ein Fuchs den fünften Teil davon. Ein Wolf kann fünf Jahre älter werden als ein Fuchs.
Wie alt können die Tiere werden?
Entscheide: (a) Erst dividieren, dann addieren. (b) Erst multiplizieren, dann addieren.

1 Rechne die einzelnen Aufgaben im Kopf. Dann addiere die Ergebnisse mit dem Taschenrechner. Du erhältst die Schatzzahl.

a) 18 870 | 14 700 – 7 | 70 | 700

b) 11 666 | 39 601 – 6 | 60 | 600

c) 10 900 | 20 000 – 5 | 50 | 500

d) 66 660 | 210 000 – 2 000 | 20 000

e) 30 403 | 304 003 – 3 000 | 30 000

2

3 Löse schrittweise.

a)	b)	c)	d)
38 900 – 1 500	99 000 – 32 000	970 000 – 310 000	708 000 – 202 000
89 800 – 6 500	98 100 – 14 000	670 014 – 420 000	905 100 – 103 000
79 900 – 2 900	94 009 – 54 000	800 000 – 230 000	545 001 – 103 000
98 300 – 3 300	87 340 – 27 000	500 030 – 140 000	909 300 – 109 000
28 000 – 4 100	62 000 – 13 000	730 000 – 250 000	722 000 – 504 000
100 000 – 8 600	83 000 – 25 000	820 200 – 630 000	300 000 – 109 000
Quersumme 14	Quersumme 13	Quersumme 12	Quersumme 11

4 Fragen – Lösen – Antworten

Kartei

a) Herr und Frau Schneider hatten auf ihrem gemeinsamen Sparkonto genau 26 000 €. Für die Renovierung ihrer Wohnung geben sie 5 210 € aus.

b) Für den Ausbau des Daches hatte Familie Morlon mit Kosten in Höhe von 16 000 € gerechnet. Die Baukosten erhöhten sich aber um 4 300 €.

c) Ein Tankwagen verlässt das Lager mit 30 000 Liter Heizöl. Das Mehrfamilienhaus am Krokusweg wird mit 14 000 Litern beliefert. Familie Mohr am Tulpenweg erhält 3 600 Liter.

d) Ein Autotransporter befördert neue PKW im Gesamtwert von 310 000 €. Autohändler Mahnke erhält vier dieser Autos.

e) Herr Raschke hat 73 000 € im Lotto gewonnen. Er gönnt sich eine Traumreise nach Australien. Der Flug kostet 1 600 €. Für die Unterkunft zahlt er weitere 5 500 €.

④ Eine Aufgabe ist eine Kapitänsaufgabe

Weitere Übungen Seite 132

1

a) 24 312 – 999
63 005 – 999

b) 46 500 – 9 999
98 416 – 9 999

c) 84 802 – 990
71 316 – 990

d) 20 000 – 9 999
20 000 – 990

2

a) 87 308 – 87 304
17 406 – 17 401

b) 77 416 – 77 413
35 725 – 35 721

c) 46 011 – 46 008
31 415 – 31 405

d) 99 638 – 99 628
73 012 – 71 012

3 Im Kopf oder schriftlich? Wie geht es schneller? Überlege bei jeder Aufgabe neu.

a)	b)	c)
28 325 – 6 893	83 150 – 50 000	643 000 – 199 000
44 007 – 1 002	99 052 – 46 939	469 519 – 146 317
53 499 – 999	58 111 – 13 000	420 150 – 99 999
80 702 – 500	87 566 – 87 500	150 000 – 21 000
12 222 – 591	92 815 – 51 493	213 806 – 88 496
33 600 – 990	28 068 – 28 002	717 111 – 15 000

4 In jedem Päckchen sind drei Ergebnisse falsch. Du findest sie durch einen Überschlag. Rechne nur die Aufgaben, deren Ergebnis falsch ist.

a) 87 158 – 2 974 = 84 184
56 298 – 6 416 = 52 882
24 106 – 6 093 = 18 013
79 843 – 5 052 = 76 719
19 913 – 4 986 = 13 827
41 367 – 4 949 = 36 418

b) 36 955 – 13 152 = 29 803
42 209 – 21 940 = 20 269
59 312 – 21 908 = 37 404
84 073 – 19 529 = 74 544
32 964 – 14 976 = 17 988
98 237 – 39 375 = 60 862

5 Rechne nur die sechs Aufgaben, deren Ergebnisse zwischen 20 000 und 25 000 liegen.

a)	b)	c)	d)
27 812 – 9 816	29 853 – 2 236	39 654 – 16 249	97 872 – 75 305
26 998 – 3 045	31 104 – 7 901	42 932 – 13 978	91 066 – 78 194
24 106 – 4 979	33 017 – 9 944	54 108 – 22 892	86 174 – 64 017

22 157 22 567 23 073 23 203 23 405 23 953 24 385

6 Alle drei Ergebnisse zusammen ergeben 500 €.

a)	b)	c)
234,00 € – 109,99 €	399,99 € – 190,00 €	517,88 € – 499,87 €
163,54 € – 143,54 €	601,25 € – 580,25 €	123,66 € – 60,00 €
804,77 € – 448,78 €	555,99 € – 286,98 €	518,32 € – 99,99 €

7 Ergänze die fehlenden Ziffern.

a)	b)	c)	d)
□ 9 9 □	6 5 □ 7 9	□ 8 □ 2 □	1 0 0 □ 0
– 3 □ □ 6	– 2 □ 5 □ 7	– 3 4 2 0 6	– □ 2 5 □
6 3 6 3	□ 1 3 1 □	4 □ 7 □ 9	1 □ 4 6

8 Welche Zehntausenderzahlen kannst du einsetzen? Schreibe alle Lösungen auf.

a)	b)	c)
70 000 – x > 40 000	50 000 – a > 40 000	70 000 – r > 40 000
90 000 – y > 60 000	80 000 – b > 60 000	80 000 – s > 60 000
100 000 – z > 30 000	50 000 – c > 30 000	90 000 – t > 30 000

Weitere Übungen Seite 132

1 Familie Köhl fährt in den Urlaub. Bei der Abfahrt hat das Auto einen Kilometerstand von 127 835 km. Das Navigationssystem zeigt, dass die Hinfahrt 1 467 km lang ist.

F: Welchen Kilometerstand hat das Auto nach der Hinfahrt?

L:

Anfang	Fahrtstrecke	Ende
127835	+ 1467 →	

2 Der Kilometerzähler im Auto von Frau Menke zeigt bei der Abfahrt von ihrem Heimatort 54 693 km an. Das Navigationssystem im Auto sagt ihr, dass ihr Urlaubsziel 1 219 km weit entfernt ist.

3 Der Kilometerzähler von Frau Gronewald zeigt 86 386 km an. Die nächste Inspektion ist bei 100 000 km fällig.

4 Zu Anfang des Jahres hatte das Auto von Herrn Dag einen Kilometerstand von 43 769 km. Am Jahresende zeigte der Kilometerzähler 71 423 km an.

5 Der Kilometerzähler in Herr Meiers Auto zeigte bei der Abfahrt von seinem Heimatort 48 954 km an. Am Urlaubsziel stand der Kilometerzähler auf 51 261 km.

6 Herr Wirtz plant für seine Familie und sich eine Urlaubsreise nach Italien. Er muss an so vieles denken. Welche Fragen stellen sich für Herrn Wirtz? Findet Lösungen und Antworten.

Kartei

1 Am Parkplatz steht eine Informationstafel.
Mit der Karte lassen sich Wanderungen gut planen.
Wie lang sind die Wanderwege?
Wie viel Meter? Wie viel Kilometer?

a) Zum Tiergehege und zurück!

b) Zum Tiergehege und über den Wasserfall zurück.

c) Parkplatz – See – Burg – Wasserfall – Tiergehege.

d) Denkt euch eigene Wege aus.

2 Herr Ebeling trifft auf seiner Wanderung auf ein Schild.

a) Wo befindet sich Herr Ebeling? Zeige auf der Karte.

b) Wie weit ist es von dort aus zum Parkplatz, wenn er noch zum Tiergehege geht? Wie weit ist es, wenn er den kürzesten Weg wählt?

c) Herr Ebeling behauptet: „Bis zum Wasserfall ist es nur ein halber Kilometer." Stimmt das?

3 Wie viel Meter sind es?

a)	b)	c)	d)
2 km	800 m weiter als 4 km	$\frac{1}{2}$ km	$\frac{1}{2}$ km weiter als 7,2 km
10 km	600 m weiter als 1,8 km	$\frac{1}{4}$ km	$\frac{3}{4}$ km weiter als 3,5 km
5 km	500 m weniger als 3,6 km	$\frac{3}{4}$ km	$1\frac{1}{2}$ km weniger als 11 km
25 km	700 m weniger als 3,4 km	$1\frac{1}{2}$ km	$\frac{1}{4}$ km weniger als 4 km

4 Herr Berns und Herr Kühn sind begeisterte Wochenend-Wanderer.
Jeden Morgen beginnen beide gleichzeitig um 9 Uhr ihre Wanderung.
Herr Berns schafft in einer Stunde 6 km, Herr Kühn sogar 7 km.

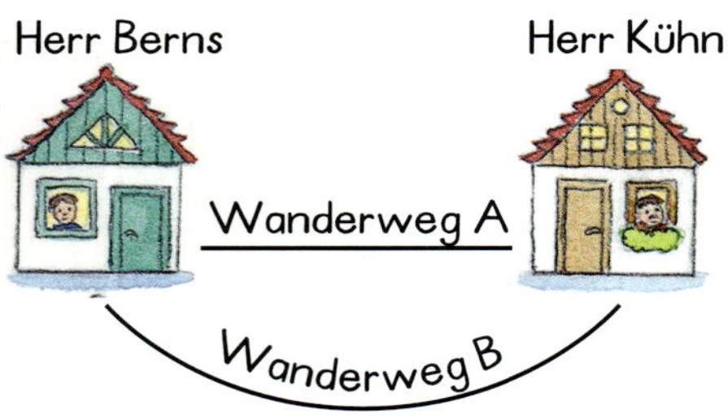

a) Am Samstag treffen sie sich auf Wanderweg A nach $2\frac{1}{2}$ Stunden.
Wie weit ist Herr Berns gewandert?
Wie weit ist Herr Kühn gewandert?
Wie lang ist der Wanderweg A von Haus zu Haus?

b) Am Sonntag wählen sie den Wanderweg B.
Diesmal treffen sie sich erst um 12.30 Uhr.
Wie lang ist dieser Wanderweg von Haus zu Haus?

5 Übertrage die Tabelle in dein Heft und fülle sie aus.

1 378 m	3 215 m			2 076 m		575 m	
1 km 378 m		9 km 235 m			5 km 70 m		2 km 7 m
1,378 km			6,723 km				

Weitere Übungen Seite 133

1 Kilometer, Meter, Zentimeter oder Millimeter?

2 $\frac{1}{2}$ km = ____ m　　$1\frac{1}{2}$ km = ____ m　　$\frac{1}{2}$ m = ____ cm　　$\frac{1}{2}$ cm = ____ mm

3 Acht Angaben, aber nur drei verschiedene Längen.

a) 350 mm | $3\frac{1}{2}$ m | 3 m 50 cm | 0,35 m | 350 cm | 3,5 cm | $3\frac{1}{2}$ cm | 35 cm

b) 7 m 5 cm | 0,75 m | 7,05 m | 75 cm | 75 mm | 705 cm | 7,5 cm | $7\frac{1}{2}$ cm

4 a) Wie viel Meter sind es?　0,5 km　0,1 km　2,5 km　3,2 km

b) Wie viel Millimeter sind es?　0,5 cm　0,3 cm　2,1 cm　4,3 cm

c) Wie viel Millimeter sind es?　10 cm　1 m　100 m　1 km

5

184 cm		243 cm		7 cm			
1 m 84 cm	3 m 55 cm				5 m 6 cm		
1,84 m			6,87 m			4,08 m	4,80 m

6 Achte auf Wecker-Aufgaben. Die drei Ergebnisse zusammen ergeben 10 m.

a) 5,72 m − 3,98 m
7,01 m − 2,95 m
8,27 m − 4,07 m

b) 10,07 m − 5,30 m
12,50 m − 9,98 m
3,98 m − 1,27 m

c) 10,70 m − 6,07 m
9,87 m − 7,87 m
6,74 m − 3,37 m

7 Gib das Ergebnis in Meter an (Kommazahl).

a) $\frac{1}{2}$ m + 2,37 m + 87 cm
$2\frac{1}{2}$ m + 4,35 m + 92 cm

b) $12\frac{1}{2}$ m − 7,85 m
$14\frac{1}{2}$ m − 5,72 m

c) 7,27 m − $3\frac{1}{2}$ m
8,02 m − $2\frac{1}{2}$ m

d) $10\frac{1}{2}$ m − 5,27 m
$5\frac{1}{2}$ m − 3,75 m

8 Kann das sein?

a) *Die Grundschule „Im Wiesengrund" weiht heute ihren neuen Schulhof ein. Er ist 3 000 m breit und 15 000 m lang und bietet schön gestaltete Spielflächen für die Schüler und Schülerinnen.*

b) *Saskia hat an ihrem neuen Fahrrad einen Kilometerzähler. In der ersten Woche ist sie genau 49,5 km gefahren. Für die nächste Woche nimmt sie sich 60 km vor.*

c) *Herr Zumloh kauft im Baumarkt Bretter für sein neues Regal. Er benötigt zwei Bretter von 2,3 cm Länge und vier Bretter von 38 cm Länge. Er bezahlt mit einem 20-Euro-Schein.*

1 km = 1000 m　　1 m = 100 cm　　1 cm = 10 mm

1
a) 5 000 + 1
5 000 − 1

b) 4 000 + 6
4 000 − 6

c) 6 400 + 8
6400 − 8

d) 1 896 − 5
1 896 + 5

2
a) 7 400 + 60
7 400 − 60

b) 3 170 + 30
3 170 − 30

c) 6 210 − 80
6 210 + 80

d) 2 990 + 20
2 990 − 20

3
a) 1 200 + 500
1 200 − 500

b) 1 900 − 500
1 900 + 500

c) 3 850 + 200
3 850 − 200

d) 5 710 + 600
5 710 − 600

4
4 700 + x = 4 999
8 600 − y = 8 498
7 001 + z = 7 400

5 Addiere zu meiner Zahl die kleinste vierstellige Zahl und die größte dreistellige Zahl. Du erhältst 3 000.

1
a) 102 000 | 10 200 (+) 800 | 8 000 | 88 000

11 000   18 200   98 200   102 800   108 200   110 000   190 000

b) 603 000 | 60 300 (−) 500 | 5 000 | 55 000

5 300   45 250   55 300   60 250   548 000   598 000   602 500

2 Alle Ergebnisse haben die Quersumme 30.

a) 124 816 + 600 404 + 184 809 + 27 216
255 894 + 63 036 + 273 430 + 56 300
306 449 + 187 196 + 44 275 + 9 328

b) 869 255 − 400 748
387 922 − 8 830
931 000 − 89 146

c) 950 323 − 268 984
796 447 − 88 288
804 509 − 9 293

1 Schreibe als Meter und als Kilometer (Kommazahl).

a) 7 km | 20 km (−) 100 m | 10 m | 1 m

b) 8 km | $2\frac{1}{2}$ km (+) $\frac{1}{2}$ km | 100 m | 1 m

2 Achte darauf: Komma unter Komma! Die drei Ergebnisse zusammen ergeben 50 km.

a) 12,7 km − 5,875 km
32,2 km − 6,086 km
18,5 km − 1,439 km

b) 10,321 km − 4,5 km
26,080 km − 5,9 km
31,299 km − 7,3 km

c) 9,375 km − 4,075 km
36,095 km − 8,399 km
26,813 km − 9,809 km

3 Vergleiche. <, >, =

a) 2 420 m ○ 2,5 km
590 m ○ 0,590 km

b) 250 m ○ $\frac{1}{2}$ km
3 750 m ○ 3,75 km

c) $\frac{1}{2}$ km ○ 500 m
370 m ○ 0,037 km

4 An einer Landstraße stehen in regelmäßigen Abständen Bäume.
Vom 1. bis zum 6. Baum sind es 60 m.
Wie viel Meter sind es vom 1. Baum bis zum 9. Baum? Wie viel Meter vom 9. Baum bis zum 12. Baum?
Zeichne eine Skizze.

Im Freizeitpark gibt es viel zu sehen.
Achtung: Im Wegeplan werden unterschiedliche Längenmaße benutzt.

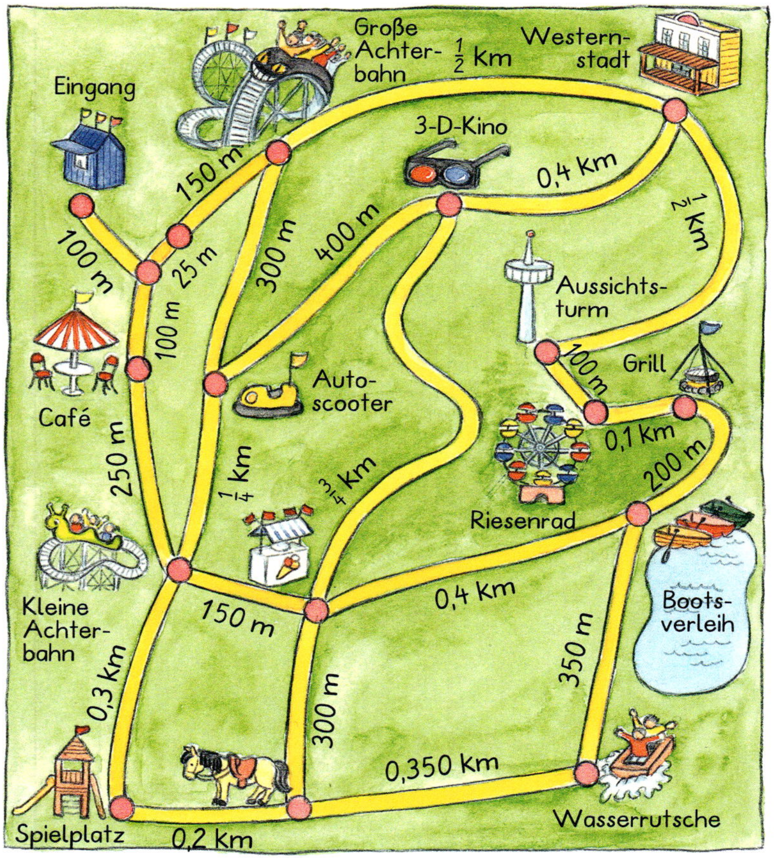

a) Björn möchte vom Eingang aus zur Westernstadt. Wie lang ist sein Weg?

b) Greta kommt gerade an. Sie hat folgende Wünsche: Spielplatz – Ponyreiten – Eis essen – 3-D-Kino.

c) Tanja kann vom Eingang auf verschiedenen Wegen zum 3-D-Kino gehen. Wie lang sind die Wege?

d) Michelle sucht den kürzesten Weg von der Wasserrutsche zur kleinen Achterbahn.

e) Giuseppe legt auf seinem Weg bis zum Café eine Strecke von 0,8 km zurück. Wo ist er wohl losgegangen?

f) Überlegt euch weitere Wegerätsel.

1 Ein Garten ist 15 m lang und 12 m breit. Wie viel Quadratmeter ist er groß?

2 Ein Baugrundstück ist 30 m lang und 25 m breit.

a) Wie viel Quadratmeter sind es?

b) Wie lang wird der Zaun um das Grundstück?

3 Frau Bär will ihren Garten einzäunen. Sie kauft einen Zaun von 100 m Länge. Wie lang und wie breit kann ihr Garten sein? Schreibe drei Beispiele auf.

4 Herr Koch hat seinen Garten eingezäunt, der Zaun ist 80 m lang. Der Garten ist 25 m lang, für das Tor bleiben an einer kurzen Seite 2 m frei. Wie breit ist der Garten?

Lina: „Mara war es."
Mara: „Florian hat es getan."
Björn: „Ich war es nicht."
Florian: „Mara hat gelogen."

Einer von den Vieren hat gelogen. Wer hat den Ball geworfen?

Löse die Aufgaben und sammle die Schätze.
Komm mit mir! Wo gehen wir lang?
4 · 6
8 · 7
10 · 12
zusammen 200
60 · 7
50 · 8
30 · 6
zusammen 1000
10 · 40
10 · 24
10 · 336
zusammen 4000
60 · 9 – 3
80 · 4 – 3
25 · 6 – 4
zusammen 1000
10 · 250
10 · 205
10 · 45
zusammen 5000
8 · 60
3 · 80
7 · 40
zusammen 1000
100 H
10 T
1 ZT
3 · 600
2 · 700
2 · 900
zusammen 5000
4 · 6 H
6 · 8 H
7 · 4 H
zusammen 1 ZT
4 · 4 T
4 · 5 T
4 · 6 T
zusammen 6 ZT
Hast du mir was mitgebracht?
6 · 4000
8 · 7000
4 · 5000
zusammen 100 000
9 · 5000
5 · 400
50 · 60
zusammen 50 000
60 · 800
400 · 50
80 · 400
zusammen 100 000

1 a) 4 · 7 T
4 · 7 000
b) 6 · 3 T
6 · 3 000
c) 7 · 10 T
7 · 10 000
d) 9 · 8 T
9 · 8 000
e) 5 · 6 T
5 · 6 000

2 a) 5 · 9 000
7 · 6 000
2 · 7 000
b) 3 · 8 000
6 · 6 000
4 · 9 000
c) 6 000 · 3
4 000 · 8
2 000 · 6
d) 3 000 · 10
5 000 · 7
8 000 · 6
e) 4 000 · 10
6 000 · 5
5 000 · 8

3 a) 6 · 4 H
6 · 400
b) 7 · 7 H
7 · 700
c) 2 · 9 H
2 · 900
d) 10 · 3 H
10 · 300
e) 4 · 7 H
4 · 700
f) 10 · 8 H
10 · 800

4 a) 8 · 200
9 · 700
10 · 200
b) 5 · 900
6 · 700
4 · 400
c) 500 · 5
300 · 4
800 · 9
d) 700 · 8
400 · 10
900 · 9
e) 100 · 10
500 · 6
800 · 5

5

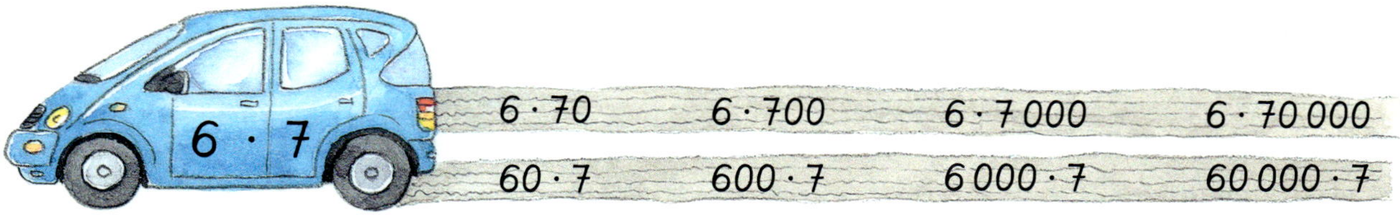

6 Welche Spuren hinterlassen diese Autos?

a) b) c) d)

7 a) 4 · 7 000
4 · 8
4 · 7 008
b) 10 · 80 000
10 · 6
10 · 80 006
c) 6 · 600
6 · 9
6 · 609
d) 3 · 900
3 · 5
3 · 905
e) 5 · 40 000
5 · 8
5 · 40 008

8 a) 8 · 9005

•	9000	5	
8			
2			

b)

•	4000	75	
1			
9			

c)

•	300	6	
8			
2			

9 a)

•	8000		
7			
3		150	

b)

•		80	
4	800		
6			

c)

•		60	
6			
4			
			7600

Weitere Übungen Seite 133

1

a) 7 · 500; 70 · 50
b) 6 · 300; 60 · 30
c) 2 · 900; 20 · 90
d) 10 · 600; 100 · 60
e) 10 · 900; 100 · 90

2

a) 10 · 600; 30 · 600
b) 10 · 400; 30 · 400
c) 10 · 900; 60 · 900
d) 10 · 100; 70 · 100
e) 10 · 1 000; 30 · 1 000

3

a) 80 · 300; 70 · 400; 30 · 600
b) 600 · 70; 800 · 30; 900 · 90
c) 50 · 3 000; 60 · 600; 10 · 90
d) 7 000 · 70; 500 · 100; 9 000 · 3
e) 3 000 · 40; 500 · 30; 7 000 · 70

4 Suche die Fehler und berichtige die Lösungen.

a) 70 · 50 = 3 500; 500 · 60 = 30 000
b) 9 000 · 8 = 72 000; 400 · 60 = 24 000
c) 60 · 100 = 6 000; 700 · 40 = 2 800

5

a) 200 · x = 6 000; 70 · y = 28 000; 400 · z = 36 000
b) x · 100 = 6 000; y · 500 = 4 500; z · 70 = 4 900
c) 70 · u = 28 000; 9 · v = 63 000; 80 · w = 4 800
d) 60 · a = 1 800; 600 · b = 36 000; 300 · c = 12 000

6

a)

•	70	30	
60			
4			

b)

•	40		
10		600	
9			

c)

•	300	700	
20			
8			

7

a)

100 000
100 · 1 000
500 · 200
100 · 100 · 10

b)

1 Million
1 000 · 1 000
100 · 100 · 100

Weitere Übungen Seite 133

Wer hat Angst vor a) ___? Wer hat Angst vor Dracula,
wenn er erwacht um b) ___? Die Uhr schlägt c) ___
Was ist denn das? Verflixt nochmal, da rührt sich was.
Da klappert ein d) ___ wie toll. Herr Dracula e) ___ Rock'n' Roll
Bei Nacht, bei Nacht, bei Nacht, bei Nacht,
im Schi-Scha-Schu-bi-dupp f) ___.

a)
6 · 400
7 · 300
2 · 800
90 · 20
60 · 70
50 · 80
40 · 40

b)
4 998 + 4
1 200 + 800
5 050 + 300
2 350 + 3 000
2 500 + 1 400
2 080 + 20
4 970 + 40
700 + 900
1 650 + 150
4 999 + 23
5 325 + 25

c)
10 000 − 3 000
8 100 − 900
5 200 − 11
7 000 − 3 000
5 409 − 300

d)
5 501 − 400
5 000 − 1 100
5 300 − 99
4 003 − 2 003
3 900 − 300
3 674 − 74

e)
9 · 600 − 50
2 · 900 − 200
10 · 500 + 10
20 · 300 + 1 000
90 · 60 − 50

f)
90 · 50 + 502
7 · 700 + 100
10 · 500 + 10
1 200 · 2 + 0
70 · 60 − 300
60 · 100 − 990
50 · 60 + 600
300 · 5 + 300
2 500 · 2 + 22
90 · 40 + 300
30 · 70 − 100
50 · 100 + 10

1600 = A | 1800 = C | 2000 = I | 2100 = R | 2400 = D | 3600 = S | 3900 = E | 4000 = L
4200 = U | 5000 = O | 5002 = M | 5010 = N | 5022 = H | 5101 = G | 5109 = F
5189 = Ö | 5201 = B | 5350 = T | 7000 = Z | 7200 = W

1
a) An welchen Tagen wird das Kindermusical gezeigt?
b) Um wie viel Uhr beginnt es?
c) Wie teuer ist der Eintritt in der Preisgruppe 2?
d) Wie viele Sitzplätze gibt es in Preisgruppe 1?
e) Wie viele Sitzplätze gibt es insgesamt?

2
a) Am 4. Februar wurden alle Karten der Preisgruppe 4 verkauft.
Wie viel Euro wurden dafür eingenommen?
b) Auch die Preisgruppe 3 war ausverkauft.
c) In der Preisgruppe 2 wurden 2 200 Karten verkauft.

Karten	1	100	200	2 000
Einnahme	24 €			

d) In der Preisgruppe 1 wurden 2 100 Karten verkauft.
e) Wie viel Euro wurde insgesamt eingenommen?

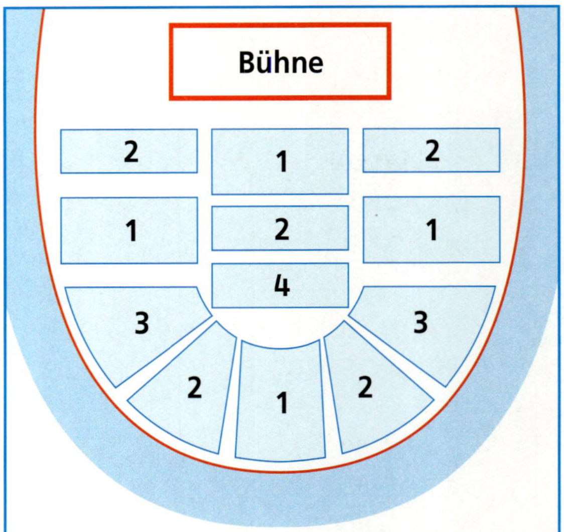

Preisgruppe	Eintritt	Sitzplätze
1	26 €	2 600
2	24 €	2 400
3	20 €	1 500
4	16 €	1 000

3 Am 5. Februar wurden so viele Karten verkauft:

Preisgruppe	1	2	3	4
Karten	2 200	2 100	1 300	700

Wie viel Euro wurde für jede Preisgruppe eingenommen?
Eine Rechentabelle kann dir helfen.

4 Am 5. Februar gab es noch viele freie Plätze. Wie viele waren es?

5 Am 6. Februar wurden so viele Karten verkauft.
Wie viel Euro wurde für jede Preisgruppe eingenommen?
Eine Rechentabelle kann dir helfen.

Preisgruppe	1	2	3	4
Karten	2 300	2 200	1 400	900

6 Eine Viertelstunde vor Vorstellungsbeginn wurden die Karten für den halben Preis verkauft. Am 6. Februar wurden noch 70 Karten der Preisgruppe 1 und je 40 Karten der Preisgruppen 2 und 3 verkauft.
a) Wie viel Euro wurde mit diesen ermäßigten Karten noch eingenommen?
b) Wie viele Plätze blieben noch frei?

Richtung Rügener Straße

04

	Montag – Freitag									
Haltepunkt Dierkow	6.48	6.57	7.03	7.12	7.21	15.21	15.33	15.45	15.57	16.09
Dierkower Kreuz	6.55	7.04	7.10	7.19	7.28	15.28	15.40	15.52	16.04	16.16
Steintor IHK	7.02	7.11	7.17	7.26	7.35	15.35	15.47	15.59	16.11	16.23
Lange Straße	7.05	7.14	7.20	7.29	7.38	15.38	15.50	16.02	16.14	16.26
Doberaner Platz	7.09	7.18	7.24	7.33	7.42	15.42	15.54	16.06	16.18	16.30
Heinrich-Schütz-Straße	7.16	7.25	7.31	7.40	7.49	15.49	16.01	16.13	16.25	16.37
Kunsthalle	7.18	7.27	7.33	7.42	7.51	15.51	16.03	16.15	16.27	16.39
Evershagen Süd	7.26	7.35	7.41	7.50	7.59	15.59	16.11	16.23	16.35	16.47
Thomas-Morus-Straße	7.29	7.38	7.44	7.53	8.02	16.02	16.14	16.26	16.38	16.50
Lütten Klein Zentrum	7.34	7.43	7.49	7.58	8.07	16.07	16.19	16.31	16.43	16.55
Rügener Straße	7.38	7.47	7.53	8.02	8.11	16.11	16.23	16.35	16.47	16.59

1 Martin wohnt mit seinen Eltern in Rostock-Dierkow. Er will am Mittwochnachmittag mit seinem Freund eine Ausstellung in der Kunsthalle besuchen.
a) Um welche Uhrzeiten fahren Bahnen am Nachmittag in Richtung Kunsthalle?
b) Welche Bahn muss Martin von der Haltestelle Dierkower Kreuz nehmen, wenn er pünktlich um 16.00 Uhr an der Kunsthalle sein soll?
c) Wann trifft die Bahn an der Haltestelle Kunsthalle ein?
d) Wie lange fährt er mit der Bahn?

2 Markus geht auch in Martins Klasse. Er steigt in der Langen Straße in dieselbe Bahn ein.
a) Um wie viel Uhr steigt Markus zu?
b) Wie lange fahren beide Jungen gemeinsam Bahn?

3 Martins Mutter arbeitet bis 16.30 Uhr im Kaufhaus „Doberaner Hof". Bis zur Haltestelle Doberaner Platz sind es fünf Minuten Fußweg.
a) Um wie viel Uhr fährt die nächste Bahn in Richtung Kunsthalle?
b) Um wie viel Uhr trifft sie an der Haltestelle Kunsthalle ein?

Richtung Dierkow

04

	Montag – Freitag									
Rügener Straße	17.22	17.37	17.49	18.02	18.04	18.20	18.40	19.00	19.20	19.40
Lütten Klein Zentrum	17.25	17.40	17.52	18.05	18.07	18.23	18.43	19.03	19.23	19.43
Thomas-Morus-Straße	17.30	17.45	17.57	18.09	18.11	18.27	18.47	19.07	19.27	19.47
Evershagen Süd	17.33	17.48	18.00	18.12	18.14	18.30	18.50	19.10	19.30	19.50
Kunsthalle	17.40	17.55	18.07	18.19	18.21	18.37	18.57	19.17	19.37	19.57
Heinrich-Schütz-Straße	17.42	17.57	18.09	18.21	–	18.39	18.59	19.19	19.39	19.59
Doberaner Platz	17.50	18.05	18.17	18.28	–	18.46	19.06	19.26	19.46	20.06
Lange Straße	17.53	18.08	18.20	18.31	–	18.49	19.09	19.29	19.49	20.09
Steintor IHK	17.57	16.12	18.24	18.34	–	18.52	19.12	19.32	19.52	20.12
Dierkower Kreuz	18.05	16.20	18.32	18.41	–	18.59	19.19	19.39	19.59	20.19
Haltepunkt Dierkow	18.11	18.26	18.38	18.47	–	19.05	19.25	19.45	20.05	20.25

4 Martin verlässt mit seiner Mutter um 18.10 Uhr die Kunsthalle.
a) Wann fährt die nächste Bahn in Richtung Dierkower Kreuz?
b) Markus steigt an der Haltestelle Lange Straße aus. Wann trifft die Bahn dort ein?
c) Um wie viel Uhr erreicht die Bahn das Dierkower Kreuz?
d) Wann ist er mit seiner Mutter zu Hause, wenn der Fußweg bis zum Haus acht Minuten dauert?

5 a) Julia und ihre Freundin Nicole sind im Kino am Doberaner Platz. Der Film beginnt um 16.00 Uhr. Wann ist der Film zu Ende?
b) Um wie viel Uhr fährt die nächste Bahn in Richtung Dierkow?
c) Wie lange sind die Mädchen mit der Bahn unterwegs, wenn sie an der Endstation aussteigen?

3 · 7040 =
3 · 7000 = 21000
3 · 40 = 120

1 a) 3 · 7 040
3 · 8 060
9 · 4 020

b) 7 · 450
8 · 530
4 · 690

2 Schau genau hin.

a) 4 · 6 008
4 · 6 080

b) 8 · 3 090
3 · 7 800

c) 6 · 4 070
8 · 6 004

d) 7 · 406
9 · 880

e) 8 · 940
6 · 807

2 842 4 842 7 520 7 920 23 400 24 032 24 320 24 420 24 720 42 032 48 032

3 a) 70 · 3 009
70 · 3 900

b) 90 · 3 060
30 · 7 007

c) 50 · 5 400
90 · 2 007

d) 60 · 509
30 · 870

e) 40 · 660
50 · 502

25 100 26 100 26 400 30 400 30 540 180 630 210 210 210 630 270 000 273 000 275 400

4

a) 4 · 6 999
5 · 4 999
8 · 1 999

b) 2 · 399
6 · 699
5 · 599

5

a) 19 · 4 000
19 · 9 000
29 · 5 000

b) 19 · 800
29 · 600
59 · 200

6 Achte auch auf Wecker-Aufgaben.

a) 2 · 5 999
3 · 4 006

b) 40 · 8 002
19 · 8 000

c) 90 · 202
19 · 700

d) 6 · 408
2 · 799

e) 40 · 602
39 · 600

1 598 2 448 11 998 12 018 13 300 18 180 23 400 24 080 152 000 180 048 320 080

7 Als Ergebnisse erhältst du alle Zehntausender.

a) Dividiere 720 durch 9. Multipliziere das Ergebnis mit 500.

b) Addiere 12 121 und 7 902. Subtrahiere 23 von der Summe.

c) Multipliziere 10 und 999. Addiere 40 010.

d) Subtrahiere 6 789 von 12 345. Addiere nun 4 444.

e) Dividiere 35 durch 7. Multipliziere das Ergebnis mit 6 000.

f) Bilde den Quotienten aus 240 und 8. Multipliziere dann mit 300.

g) Bilde die Summe aus den Produkten der Zahlen 900 und 20 sowie 600 und 70.

h) Multipliziere den Nachfolger von 10 000 mit 7. Subtrahiere 7 von dem Produkt.

i) Bilde das Produkt aus der Summe der Zahlen 280 und 120 sowie 200.

1 Bilde mit den Zahlen auf der Tafel viele Multiplikations-Aufgaben.
Entscheide bei jeder Aufgabe neu, ob sie für dich leicht oder schwer ist.
Rechne die leichten Aufgaben aus.

2

3 Rechne nur die leichten Aufgaben.

a)

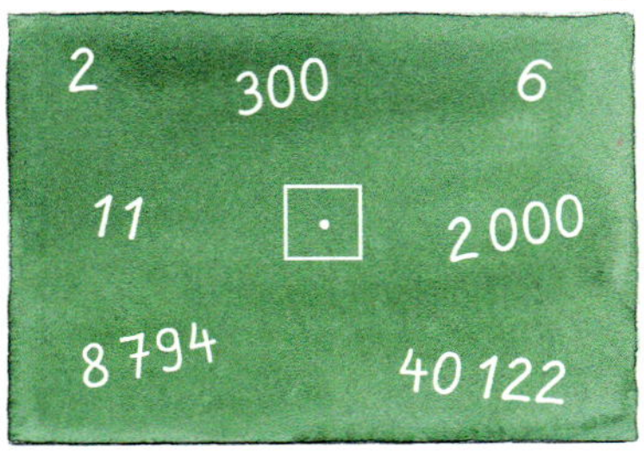

b)

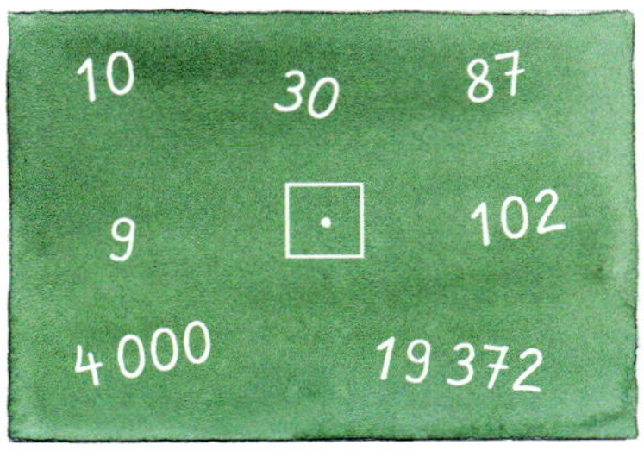

c)

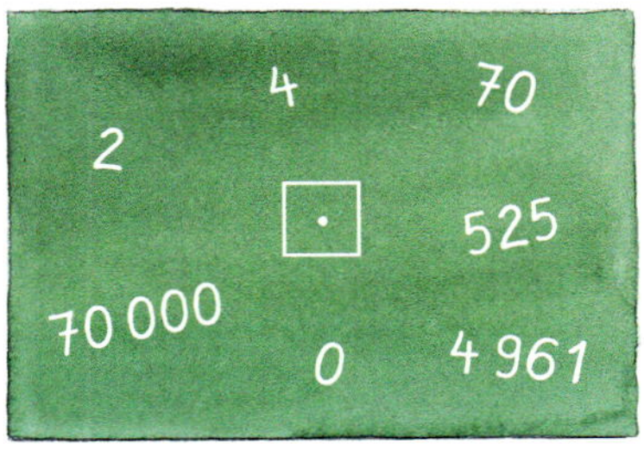

1 Erkläre wie Bastian die Aufgabe 247 · 2 löst.

2 Rechne wie Bastian. Unterstreiche das Ergebnis doppelt.

a) 384 · 7   256 · 5
b) 985 · 9   477 · 3
c) 873 · 8   641 · 6
d) 1 218 · 6   2 131 · 8
e) 3 177 · 3   4 252 · 5
f) 4 213 · 2   6 779 · 8

3
a) 467 · 8   748 · 9
b) 852 · 6   714 · 9
c) 1 456 · 6   2 189 · 4
d) 7 649 · 7   6 492 · 3
e) 3 289 · 5   8 463 · 3

3 736   5 112   6 426   6 732   8 736   8 756   16 445   19 476   25 389   53 543

4 Überschlage mit dem nächstgelegenen Hunderter. Dann rechne schriftlich.

a) 418 · 3   684 · 6
b) 627 · 9   973 · 7
c) 574 · 5   786 · 8
d) 989 · 4   608 · 7

5 Welche Produkte sind falsch? Das kannst du durch den Überschlag schnell herausfinden.

a) 386 · 5 = 2030
b) 524 · 9 = 4716
c) 786 · 4 = 3644
d) 923 · 6 = 5038
e) 492 · 8 = 4136

6 Achte beim Rechnen auf die Nullen.

a) 3 049 · 6   8 053 · 2
b) 4 590 · 7   9 650 · 5
c) 2 308 · 5   5 405 · 8
d) 8 090 · 6   6 040 · 7
e) 4 780 · 4   7 036 · 6

11 540   16 106   18 294   32 130   19 120   42 216   42 280   43 240   48 250   48 540

7 Die drei Produkte in einem Päckchen ergeben zusammen 100 000.

a) 3 205 · 9   5 831 · 5   5 250 · 8
b) 8 104 · 4   6 504 · 6   4 080 · 7
c) 3 443 · 2   3 507 · 6   8 008 · 9
d) 23 809 · 2   10 900 · 3   19 682 · 1
e) 15 768 · 3   26 348 · 2   37 196 · 0

8 Berechne immer das Dreifache: 299   1 176   3 260   31 945   19 999

9
a) Multipliziere die Zahlen 2 312 und 9.
b) Berechne das Produkt aus 4 308 und 3
c) Der erste Faktor heißt 5 034, der zweite Faktor heißt 8.
d) Berechne die Summe aus 7 683 und 2 174. Multipliziere die Summe mit 7.

Weitere Übungen Seite 133

1

a) 493 · 6
b) 1 034 · 4
c) 493 · 8
d) 1 987 · 7
e) 6 235 · 5

2 In jedem Päckchen sind drei Ergebnisse falsch. Das kannst du durch den Überschlag schnell herausfinden. Wie heißen die richtigen Ergebnisse?

a)	b)	c)	d)
695 · 7 = 4 865	817 · 4 = 2 668	2 057 · 9 = 16 513	2 957 · 2 = 6 014
298 · 6 = 1 988	523 · 7 = 3 661	4 109 · 6 = 23 654	3 892 · 4 = 15 568
787 · 8 = 6 496	919 · 3 = 2 457	5 124 · 5 = 25 620	5 894 · 3 = 19 682
385 · 5 = 1 925	289 · 8 = 2 412	8 079 · 7 = 56 553	4 321 · 7 = 30 247
924 · 7 = 7 468	632 · 6 = 3 792	3 908 · 4 = 16 632	9 876 · 8 = 72 468

3 Mit Ariane 7 in die Welt der Zahlen. Überlege zuerst, welche Zahl du tanken musst.

Dann rechne aus, wo du genau landest.
a) Du sollst unter 5 000 landen.
b) Du sollst über 15 000 landen.
c) Du sollst zwischen 7 000 und 10 000 landen.
d) Du sollst über 30 000 landen.

4 Nun darfst du selbst passende Zahlen als Treibstoff für Ariane 7 tanken. So weit soll die Rakete fliegen. Gib drei passende Zahlen an und rechne, wo Ariane genau landet.

a)
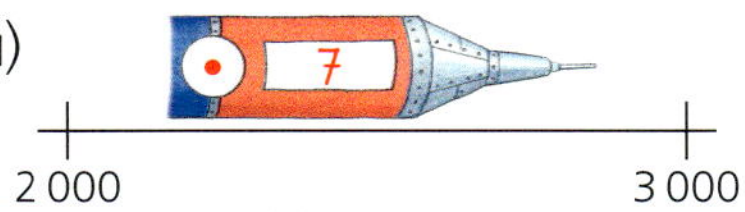

b)
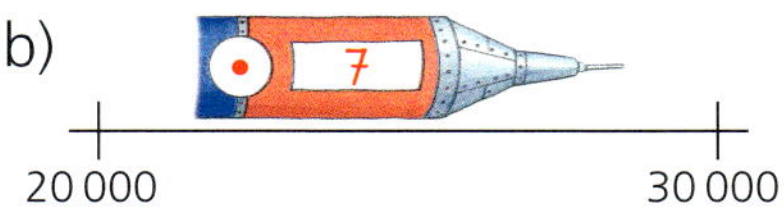

c)
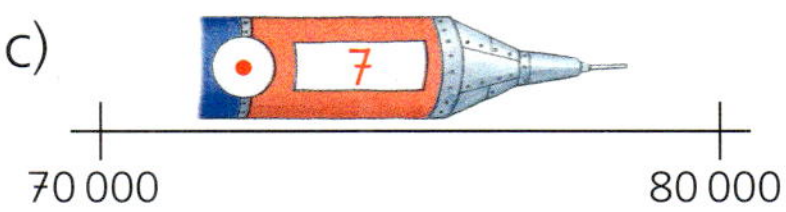

5 a) Ariane 7 soll möglichst nahe bei 1 000 landen. Welche Zahl passt?
b) Ariane 7 soll möglichst nahe bei 10 000 landen.
c) Möglichst nahe bei 100 000, schafft ihr das?

6 Ihr sollt im Zielgebiet landen. Welche Rakete nehmt ihr? Welche Zahlen tankt ihr? Es gibt mehrere Möglichkeiten.

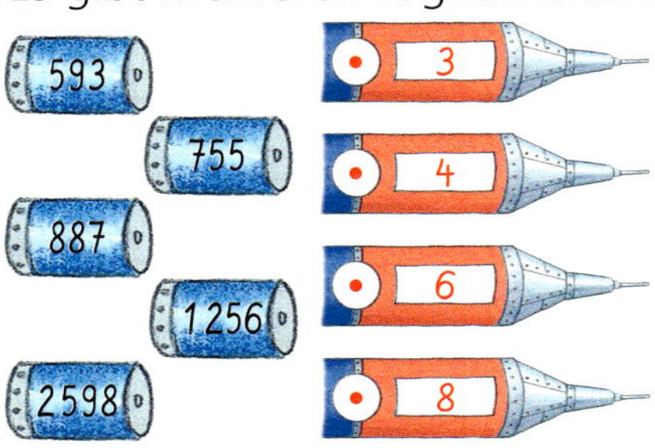

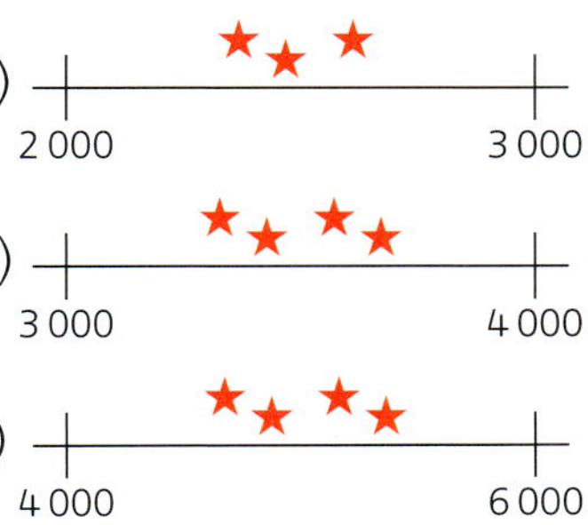

7 Ihr sollt möglichst nahe bei einer halben Million landen.
Mit welcher Rakete schafft ihr das am besten? Ariane 6 Ariane 7 Ariane 9

1

a)	b)	c)
732	1284	4397

Berechne von jeder Zahl das Dreifache, das Doppelte, das Fünffache. Dann addiere die Ergebnisse. Was fällt dir auf?

2

a)	b)	c)	d)
234 · 6	2176 · 4	1155 · 7	3155 · 8
4355 · 6	1274 · 4	2587 · 7	1275 · 8
1675 · 6	2545 · 4	1258 · 7	2625 · 8

1404	5096	8085	8704	8806	10050	10180
10200	16400	18109	21000	25240	26130	

3

a)	b)	c)
8270 · 4	12064 · 5	203197 · 4
7530 · 6	11089 · 6	309604 · 2
5940 · 4	33097 · 2	170950 · 5
3920 · 8	19058 · 3	287050 · 3

23760 31360 33080 45180 57174 60320
62520 66194 66534 619208 812788 854750 861150

4 Im Kopf oder schriftlich? Alle Ergebnisse haben die Quersumme 18.

a)	b)	c)
4008 · 6	198 · 7	3456 · 7
10404 · 2	3003 · 6	4011 · 6
8736 · 3	1395 · 4	3849 · 9
8019 · 5	3807 · 8	4545 · 2
5500 · 9	9015 · 3	6060 · 3

5

a) 1 2 4 □ · 7 = □ □ □ 6

b) □ 2 □ 6 · 7 = 8 □ 3 □

c) □ 1 □ 2 · 3 = 9 □ 8 □

d) □ □ □ 9 · 7 = 1 4 6 2 □

e) 9 8 4 · □ = 8 8

f) 3 6 □ · 5 = 1 □ 1 0

6 Zahline hat eine Kiste mit Zahlenrätseln gefunden. Die Lösungszahlen haben alle drei gleiche Ziffern.

a) *Das Fünffache meiner Zahl liegt zwischen 1000 und 1500.*

b) *Das Siebenfache meiner Zahl liegt zwischen 2000 und 3000.*

c) *Das Vierfache meiner Zahl liegt zwischen 3000 und 3500.*

d) *Das Dreifache meiner Zahl liegt zwischen 2500 und 3000.*

Die Kinder der Klasse 4b haben für das Wochenende ihre Eltern und Geschwister zu einem Klassenfest eingeladen.
Einige Kinder kaufen ein und bekommen das Geld aus der Klassenkasse zurück.

1 Florian kauft drei 6er-Packungen Mineralwasser. Eine Packung kostet 2,79 €.

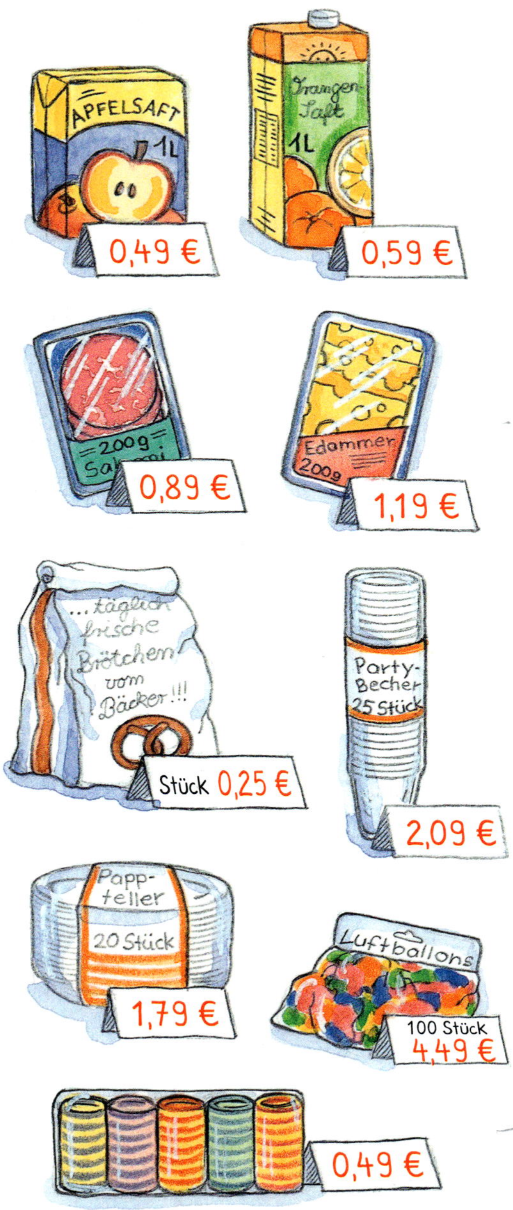

2 a) Franzi besorgt 6 l Orangensaft und 8 l Apfelsaft.
b) Janik ist 10 Jahre alt und hängt fünf Luftballons auf.

3 Lara soll 600 g Käse und 400 g Salami kaufen.
Wie viele Päckchen nimmt sie jeweils?
Wie viel Euro muss sie bezahlen?

4 Fredi kümmert sich um die Brötchen.
Er soll 100 Stück kaufen.
Sonderpreis: 10 Brötchen kosten 2,25 €.

5 Lina kümmert sich um Pappteller und Becher.
Sie sollen für 100 Personen ausreichen.
Wie viele Pakete braucht sie jeweils?
Wie viel Euro muss sie bezahlen?

6 Was würdet ihr für euer Klassenfest kaufen?
Überlegt, wie viele Personen ihr einladet.
Womit wollt ihr dekorieren?
Was soll es zu essen geben?

7

a)	b)	c)
3,78 € · 5	2,89 € · 9	8,15 € · 7
6,25 € · 7	9,90 € · 4	7,95 € · 8

18,90 € 26,01 € 39,60 € 43,75 € 50,15 € 57,05 € 63,60 €

8

a)	b)	c)
17,09 € · 9	56,09 € · 3	83,90 € · 2
31,07 € · 5	20,70 € · 7	20,90 € · 8

144,90 € 153,81 € 155,35 € 167,20 € 167,80 € 168,27 € 178,37 €

Weitere Übungen Seite 134

1 a)

•	401		
4		2400	
7			

b)

•	301		
3			3003
8			
	3311		

2 Im Kopf oder halbschriftlich.
Denke auch an Wecker-Aufgaben.

a)	b)
6 300 · 4	4 999 · 2
899 · 30	301 · 5
2 · 7 040	350 · 7
3 · 999	30 · 708
5 · 9 002	4 · 4 300
30 · 8 080	9 · 2 001

1 Die Quersumme ist immer eine Zahl der Neuner-Reihe.

a) 1 233 | 8 766 ⊙ 2 | 3 | 5

b) 4 509 | 5 490 ⊙ 4 | 6 | 0

c) 972 | 9 027 ⊙ 7 | 2 | 1

2

a) □ 5 8 · 6 = 2 7 □ □

b) 4 6 □ □ · 7 = 3 □ □ 4 7

c) □ 7 □ □ · 3 = 2 9 □ 7 5

d) □ 2 □ □ · 9 = □ 0 □ 0 5

Fragen – Lösen – Antworten

1 a) Ein Trimm-Pfad hat eine Länge von 1 850 m. Ute läuft heute drei Runden.

b) Christiane fährt jeden Monat viermal mit dem Rad zu den Großeltern. Sie liest die Entfernung für eine Strecke auf dem Tacho ab: 2 340 m.

c) Petra geht dreimal in der Woche schwimmen. Jedes Mal schwimmt sie 1 150 m.

3 450 m   5 550 m   10 750 m   18 720 m

2 a) Kordula kauft sechs Flaschen Traubensaft. Eine Flasche kostet 1,19 €.

b) Ute kauft fünf gefrorene Pizzen. Eine Pizza kostet 2,35 €.

7,14 €   9,75 €   11,75 €

3 a) Bengt kauft drei Stücke Seife zu je 1,29 € und eine Flasche Shampoo zu 1,79 €.

b) Mutter hat Bengt einen 10-Euro-Schein mitgegeben.

c) Von dem Restgeld darf Bengt sich ein Modellauto kaufen. Es kostet 3,89 €.

0,45 €   4,34 €   5,34 €   5,66 €

1 Welche Einheit passt? Setze ein: mm, cm, m, km, s, min, h, kg, g

a) Von Rostock nach Berlin sind es ungefähr 260 ___.

b) Lisa läuft 50 m in 10,5 ____.

c) Tim's Schulweg ist 800 ____ lang.

d) Lars ist 125 ____ groß.

e) Eine Unterrichtsstunde dauert 45 ____.

f) Ein Beutel Kartoffeln wiegt 2,5 ____.

g) Ein Radiergummi ist 45 ____ lang.

2 Wandle um.

a) 122 min = ___ h ___ min
273 min = ___ h ___ min
375 min = ___ h ___ min

b) 3,25 m = ___ m ___ cm
2,75 km = ___ km ___ m
3,5 km = ___ km ___ m

c) 47 mm = ___ cm ___ mm
136 mm = ___ cm ___ mm
94 mm = ___ cm ___ mm

3 Katrin hat eine Preistabelle für Roggenbrötchen und Mohnbrötchen gemacht.

a) Roggenbrötchen

Stück	1	2	3	4	5	10
Preis						3,50 €

b) Mohnbrötchen

Stück	1	2	3	4	5	10
Preis						3,40 €

4 a) Eine Flasche Apfelsaft kostet 0,75 €. Frau Mai kauft sechs Flaschen.

b) Sechs Flaschen Wasser kosten 2,70 €. Frau Klein kauft neun Flaschen.

5 Ein Kasten Mineralwasser kostet mit Pfand 5,80 €. Das Pfand ist 0,80 € teurer als das Wasser. Wie teuer ist das Wasser, wie teuer das Pfand?

1 Ordne die Figuren.
Trage die Ziffern in die Tabelle ein.

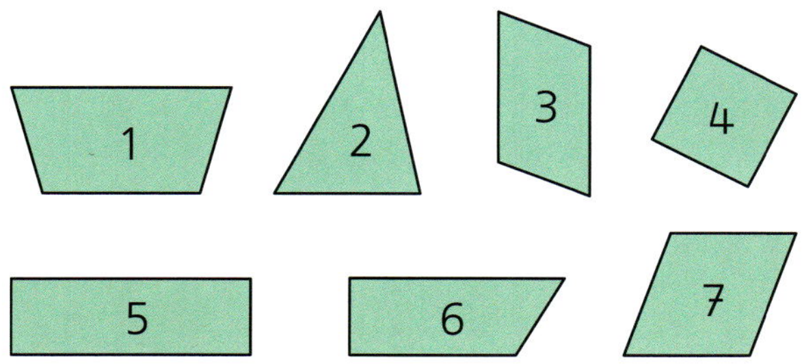

Viereck	Trapez	Parallelogr.	Rechteck

2 Zeichne das Trapez in dein Heft.
Zerlege es durch eine Gerade in

a) 2 Dreiecke

b) 1 Dreieck,
1 Parallelogramm

c) 1 Dreieck, 1 Rechteck

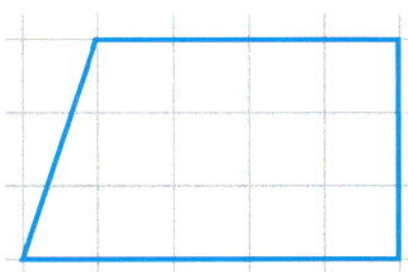

Was kostet es einzeln?

a)

zusammen 1,40 €

zusammen 1,10 €

b)

zusammen 1,25 €

zusammen 1,60 €

zusammen 1,85 €

1

a) Wie schwer ist der Messbecher?
b) Wie schwer ist 1 l Wasser?

2 a) Wie viel Liter sind in den Gefäßen?
b) Wie schwer ist die Wassermenge in den Gefäßen?
Überlege erst, dann wiege.

A

B

C

D
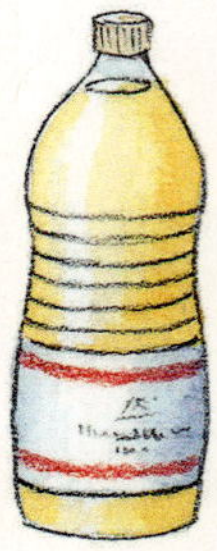

3 Die Gefäße werden mit Wasser gefüllt.
a) Welche Wassermenge passt in welches Gefäß? Ordne zu.
b) Wie schwer ist die Wassermenge in jedem Gefäß?

1 l Wasser wiegt 1 kg, $\frac{1}{2}$ l Wasser wiegt 500 g.

4 Wie schwer ist die Wassermenge? Schreibe: 2 l Wasser wiegen 2 kg.

a) 2 l	b) 0,5 l	c) $\frac{1}{4}$ l	d) $3\frac{1}{4}$ l
5 l	3,5 l	$1\frac{3}{4}$ l	$5\frac{1}{2}$ l
12 l	7,5 l	$2\frac{1}{2}$ l	$7\frac{3}{4}$ l

1 Das ist Benjamins Milchflasche.

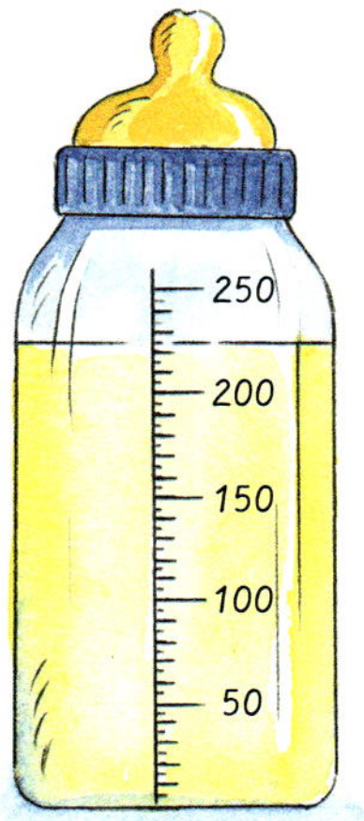

a) Benjamin ist Julias kleiner Bruder. Benjamin ist 8 Monate alt und bekommt jeden Morgen ein Fläschchen mit ___ Milliliter Milch.

b) Gestern hat Benjamin sein Fläschchen nicht leer getrunken. Er hat 30 ml übrig gelassen.

c) Vorgestern sind 45 ml übrig geblieben.

d) Vor einigen Monaten, als Benjamin erst 8 Wochen alt war, trank er bei jeder Mahlzeit 145 ml. Damals bekam er fünf Mahlzeiten am Tag.

2 a) Julia behauptet: „Mit Benjamins Milchflasche kann ich genau $\frac{1}{4}$ l Milch abmessen." Stimmt das?

Liter		Milliliter
1 l	= 1,0 l	= 1000 ml
$\frac{1}{2}$ l	= 0,5 l	= 500 ml
$\frac{1}{4}$ l	= 0,25 l	=
$\frac{1}{8}$ l	= 0,125 l	=

b) Wie oft muss Julia Benjamins Flasche füllen, um damit $\frac{1}{2}$ l zusammenzugießen?

c) Wie oft muss Julia Benjamins Flasche füllen, um damit 1 l zusammenzugießen?

3 Wie viel ist das? Das Doppelte von a) $\frac{1}{8}$ l b) $\frac{1}{4}$ l c) $\frac{1}{2}$ l d) $\frac{3}{4}$ l

4 Wie viel ist das? Das Vierfache von a) $\frac{1}{8}$ l b) $\frac{1}{4}$ l c) $\frac{1}{2}$ l d) $\frac{3}{4}$ l

5 In der Eisdiele werden die Getränke in Gläsern verkauft, die 0,25 l fassen. Es wurden 2 l Erdbeermilch, 3 l Bananenmilch und 2,5 l Kakao vorbereitet.

a) Wie viele Gläser kann man füllen?

b) Am Vormittag wurden 5 Gläser Kakao, 2 Gläser Erdbeermilch und 7 Gläser Bananenmilch verkauft.
Wie viel Liter sind jeweils übrig?

6 Übertrage die Tabelle in dein Heft und fülle sie aus.

3 500 ml	2 250 ml	1 375 ml					50 ml
3 l 500 ml						1 l 100 ml	
3,5 l			1,5 l	2,75 l	1,380 l		

1 Auf einem Kartoffelnetz steht 2,5 kg.
Wie viel Gramm sind das?

kg	100 g	10 g	1 g
2	5	0	0

2 Übertrage die Tabelle in dein Heft und fülle sie aus.

7 500 g	5 400 g				
7 kg 500 g				6 kg 50 g	6 kg 5 g
7,5 kg		2,4 kg	3,2 kg		

3

3 475 g	2 685 g	1 450 g			
3 kg 475 g					
3,475 kg			7,35 kg	6,850 kg	0,745 kg

1 kg 0,75 €

2,5 kg 1,25 €

5 kg 2,00 €

4 Aufgepasst! Schreibe als Kilogramm mit Komma.
a) 800 g 250 g 725 g b) 600 g 60 g 6 g

5 Schwere Taschen. Gib das Gewicht in Kilogramm an.

a) 2,5 kg Kartoffeln
300 g Porree
1 Becher Sahne

b) 900 g Porree
3 kg Kartoffeln

c) 750 g Sahne
10 kg Kartoffeln
600 g Porree

1 Bund Möhren 0,95 €

6 Wie viel Geld musst du für den Einkauf (Aufgabe 5) bezahlen?

7 Fünf Pakete Mehl, wie schwer sind sie? Berechne auch das Fünffache der übrigen Gewichte. Schreibe das Ergebnis in Kilogramm.

0,70 €

8 Berechne das Gewicht erst in Gramm. Dann schreibe es in Kilogramm.

a) 3 x Mehl, 2 x Rosinen
b) 2 x Schokolade, 4 x Marmelade
c) 4 x Schokolade, 2 x Mehl
d) 2 x Ananas, 5 x Rosinen
e) 3 x Ananas, 1 x Mehl

9 Schreibt selbst einen Zettel. Das Gewicht soll zwischen 1 kg und 2 kg liegen. Tauscht die Zettel und prüft nach.

300 g 0,45 €

10 Neun verschiedene Angaben, nur drei verschiedene Gewichte.
Welche Gewichte sind gleich?

3,5 kg 750 g $\frac{1}{4}$ kg 0,750 kg 3 500 g
0,250 kg $\frac{3}{4}$ kg 250 g $3\frac{1}{2}$ kg

11 Ein Liter Wasser wiegt 1 kg. Wie viel Gramm sind das?
$\frac{1}{2}$ l Wasser $\frac{1}{4}$ l Wasser $\frac{3}{4}$ l Wasser $\frac{1}{8}$ l Wasser

Weitere Übungen Seite 134

1 Gülsen sagt: „1 000 kg sind 1 Tonne, wir wiegen zusammen also 1 Tonne."

2

4b: 29 Kinder
1 132 kg = 1,132 t
Die Kinder wiegen __ t und __ kg.

4c: 27 Kinder
1 045 kg = 1,045 t
Die Kinder wiegen __ t und __ kg.

15 Lehrerinnen
1 021 kg = 1,021 t
Die Lehrerinnen wiegen __ t und __ kg.

	t	100 kg	10 kg	1 kg
1,3 t	1	3	0	0

3

1 342 kg		2 465 kg			980 kg		
1 t 342 kg	1 t 350 kg		3 t 265 kg				2 t 40 kg
1,342 t				2,463 t		0,850 t	

4 Ergänze zu einer Tonne. a) 985 kg 912 kg 625 kg b) 0,369 t 0,75 t 0,975 t

5

6 Ein Lastwagen wiegt mit Sand beladen 7,356 t, leer wiegt er 2,875 t.
Wie schwer ist der Sand?

7, 3 5 6 t
– 2, 8 7 5 t

7

LKW Gesamtgewicht	6,374 t		5,576 t	3,675 t		3,8 t
LKW Leergewicht	1,832 t	1,235 t		1,2 t	1,456 t	
Gewicht der Ladung		0,678 t	1,345 t		0,7 t	1,256 t

8 Wie viel Kilogramm sind das? a) $\frac{1}{2}$ t b) $\frac{1}{4}$ t c) $\frac{3}{4}$ t d) $2\frac{1}{2}$ t e) $3\frac{1}{2}$ t f) $5\frac{1}{4}$ t

1 t = 1 0 0 0 kg   1 dt = 1 0 0 kg $\frac{1}{2}$ t = 5 0 0 kg $\frac{1}{4}$ t = 2 5 0 kg

Weitere Übungen Seite 134

1

a) Lukas will noch Orangensaft für seine Party kaufen. Welche Sorte soll er nehmen? Warum?

b) Anja nimmt gerne Orangensaft mit zur Schule. Welchen Saft wird ihre Mutter wohl kaufen? Warum?

c) Warum sind die Orangensäfte unterschiedlich teuer? Für welchen würdest du dich entscheiden? Warum?

2 Frau Reuter kauft eine Kiste Limonade für 7,49 €. In der Kiste sind zwölf Flaschen. Eine einzelne Flasche kostet 69 Cent.
Frau Reuter meint: „Wenn ich zwölf einzelne Flaschen kaufe, muss ich über 1 € mehr bezahlen." Stimmt das?

3 Marit kauft eine 300 g-Tafel Schokolade für 1,49 €. Sie behauptet: „Das ist billiger als drei 100 g-Tafeln für je 59 Cent." Wie viel Cent spart sie?

4 Vergleiche.

a)

b)

c)

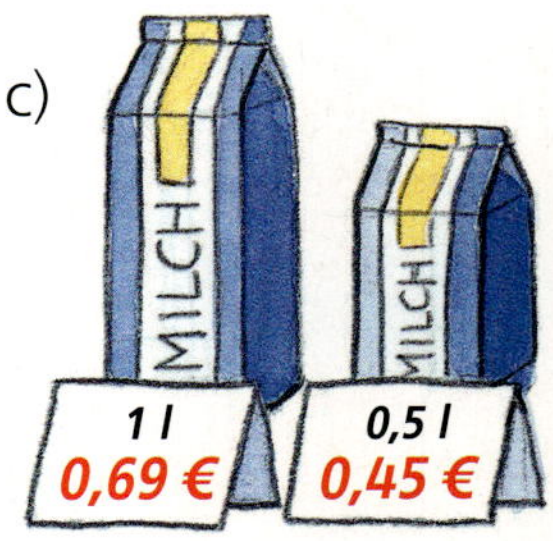

d)

5 Monas Klasse will für ihr Frühstück einen Quark anrühren. Sie brauchen dafür 1 000 g Speisequark und 750 g Kräuterquark. Was soll sie einkaufen? Wie teuer wird es?

6 Lisas Klasse will Erdbeer-Milchmix machen. Sie brauchen 5,5 l Milch und 1 750 g Erdbeeren. Was sollen sie einkaufen? Wie teuer wird es?

7 Vergleiche.

a)

b)

c)

1

Aus der Zeitung

Kilometerlange Staus auf den Autobahnen

Durch den plötzlichen Wintereinbruch in der letzten Nacht staute sich der Verkehr auf der A1 auf einer Länge von über 160 km.

Wie viele Autos standen im Stau?

Autos	1	10	
Länge	8 m	80 m	

Brautschuhe mit Cent-Münzen gekauft

Ihre weißen Brautschuhe hat die junge Sandra mit einem großen Sack voll 1-Cent-Münzen bezahlt. Der Sack wog 30 kg. Gestern kam sie

a) Wie viele Münzen waren es?

Münzen	1	5	
Gewicht	2 g	10 g	30 kg

b) Wie teuer waren die Schuhe?

Kinder sammeln Eicheln für Süßigkeiten

Wie in jedem Jahr konnten die Kinder gestern wieder ihre gesammelten Eicheln und Kastanien in Süßigkeiten tauschen. Für jedes Kilogramm bekamen sie 5 g Süßes. Die meisten Kastanien sammelte Laura mit 80 kg. Insgesamt kamen über 10 000 kg zusammen. Für ihre Mühe bekommen die

a) Wie viel Gramm Süßigkeiten hat Laura bekommen?

b) Wie viel Kilogramm bekamen die Kinder insgesamt?

Schüler laufen für ihren Schulhof

Am Samstag starteten 240 Schüler und Schülerinnen der Marienschule beim Sponsorenlauf. Jeder der kleinen Läufer erhielt einen halben Liter Sprudel kostenlos als Durstlöscher. Wie in jedem

a) Wie viel Liter Sprudel wurden verteilt?

b) In einem Kasten sind 20 Halbliter-Flaschen.

1 a) Ein Blauwalbaby ist bei der Geburt ungefähr so lang wie eine Kette von drei Tauchern mit ihren Schwimmflossen.

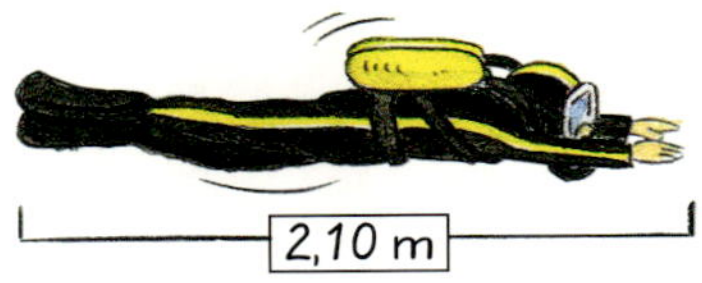

b) Ein ausgewachsener Blauwal ist ungefähr so lang wie eine Kette von 16 Tauchern mit ihren Schwimmflossen.

Taucher	1	6	10	16
Länge	2,10 m			

2 a) Ein Blauwalbaby wiegt bei seiner Geburt ungefähr so viel wie 36 Taucher zusammen.

Taucher	1	6	36
Gewicht	90 kg		

b) Ein ausgewachsener Blauwal ist ungefähr so schwer wie 1 600 Taucher, die zusammen auf einer Waage stehen.

Blauwale – riesengroß und tonnenschwer

Bei der Geburt ist ein Blauwalbaby ungefähr 3 t schwer. Blauwalbabys werden unter Wasser von der Mutter gesäugt. Da die Walmilch sehr nahrhaft ist, wachsen die Jungen sehr schnell. Nach nur einem Jahr wiegt ein Blauwalbaby bis zu neunmal so viel wie bei seiner Geburt.

Blauwale leben in den antarktischen Meeren. Dort besteht ihr Speisezettel fast ausschließlich aus Krill. Dieser Kleinkrebs bildet dort gewaltige Schwärme, deren Menge zur Zeit auf etwa 600 000 000 t geschätzt wird.

Krill

3 a) Wie schwer ist ein Blauwalbaby nach einem Jahr?

b) Wie viel Kilogramm sind das?

c) Wie viel Kilogramm hat der Blauwal im ersten Lebensjahr zugenommen?

d) Tina sagt: „Ein Blauwal nimmt im ersten Lebensjahr täglich ungefähr 65 Kilogramm zu." Stimmt das?

e) Ein Mensch wiegt bei der Geburt ungefähr 3,4 kg. Wie schwer wäre ein Kind nach einem Jahr, wenn es sein Gewicht verneunfachen würde?

Altpapier ist heute der wichtigste Rohstoff bei der Papierherstellung. Darum wird das Altpapier überall in den Altpapiertonnen oder in Papiercontainern gesammelt. Das Altpapier wird dann abgeholt und in riesige Lagerhallen gebracht.

Das Altpapier muss aufbereitet werden. Dazu wird es mehrfach sortiert und in einem großen „Mixer" kleingehackt. Mit sehr viel Wasser wird daraus ein grauer Brei, der gereinigt wird.

Der saubere Altpapier-Brei wird gleichmäßig auf breite Bahnen verteilt und geglättet. Danach wird in Pressen und Trockenmaschinen dem Papier die Feuchtigkeit entzogen. Moderne Maschinen stellen so heute ungefähr 1 500 m Papier in einer Minute in Bahnen her. Die Bahnen sind bis zu 10 m breit und haben eine Länge von 200 m.

Am Ende der Maschine wird schließlich das fertige Papier auf großen Rollen aufgerollt. Die Rollen können einen Durchmesser von 1,50 m haben. Jetzt können daraus neue Zeitungen, Kataloge oder Schulhefte hergestellt werden.

1 Tim sammelt die Tageszeitungen von einer Woche. Sie wiegen zusammen etwa 1 200 g.

a) Wie viel Kilogramm Altpapier kann Tim in einem Monat ungefähr sammeln? Wie viel in einem Jahr?

b) Wie viele Familien aus der Nachbarschaft müssen ein Jahr lang mitsammeln, damit sie zusammen etwa 1 t Altpapier haben?

2 Für die Herstellung von 10 kg Recycling-Papier werden 18 kg Altpapier benötigt.

a) Wie viel Kilogramm Altpapier benötigt man, um 1 t Recycling-Papier herzustellen?

b) Lara hat alte Zeitungen, Zeitschriften, Werbung und Papier-Verpackungen gesammelt. Insgesamt 63 kg. Wie viel Kilogramm Recycling-Papier können daraus hergestellt werden? Eine Rechentabelle kann dir helfen.

3 Robins Mathebuch wiegt ungefähr 330 g.

a) Wie viel Altpapier wurde benötigt, um sein Mathebuch herzustellen?

Recycling-Papier	10 kg	1 kg	100 g	330 g
Altpapier	18 kg			

b) In Robins Klasse sind 24 Kinder. Wie viel Kilogramm Altpapier wurde für die Herstellung ihrer Mathebücher benötigt?

4 Für die Herstellung von 1 kg Papier werden 12 l Wasser benötigt. Robin sagt: „Dann braucht man für das Papier des Mathebuchs fast 4 l Wasser." Stimmt das?

Papier	1 kg	1000 g	100 g	330 g
Wasser	12 l	12 000 ml	ml	ml

5 Eine Person verbraucht in der Woche durchschnittlich 900 l Wasser. Wie viel Kilogramm Papier kann man mit dieser Wassermenge herstellen?

Papier	1 kg			
Wasser	12 l	60 l	300 l	900 l

Dividieren

1
8 T : 4
81 T : 9
24 T : 6
35 T : 7

2
540 T : 9
420 T : 7
560 T : 8
630 T : 7

3
32 000 : 8
42 000 : 7
54 000 : 6
81 000 : 9

4
480 000 : 6
270 000 : 9
630 000 : 7
280 000 : 4

5
12 H : 3
36 H : 4
45 H : 5
56 H : 7

6
4 500 : 9
3 200 : 8
7 200 : 9
2 800 : 7

7
180 : 3
1 800 : 9
18 000 : 6
180 000 : 2

8
2 400 : 4
240 000 : 8
24 000 : 3
240 : 6

9
5 400 : 6
48 000 : 8
560 : 7
360 000 : 9

10
18 000 : 9
18 000 : 90
18 000 : 900
18 000 : 9 000

11
24 000 : 4
36 000 : 60
48 000 : 800
49 000 : 7 000

12
3 600 : 90
42 000 : 60
210 : 30
5 600 : 8

1 a) 21 T : 3
21 000 : 3

b) 18 T : 6
18 000 : 6

c) 27 T : 9
27 000 : 9

d) 42 T : 6
42 000 : 6

e) 64 T : 8
64 000 : 8

2 a) 24 000 : 8
28 000 : 7
32 000 : 4

b) 12 000 : 4
16 000 : 8
24 000 : 4

c) 18 000 : 3
49 000 : 7
54 000 : 6

d) 35 000 : 5
45 000 : 9
56 000 : 8

e) 42 000 : 7
36 000 : 6
30 000 : 5

3 a) 120 T : 4
120 000 : 4

b) 360 T : 9
360 000 : 9

c) 480 T : 8
480 000 : 8

d) 540 T : 6
540 000 : 6

4 a) 630 000 : 9
240 000 : 4
320 000 : 8

b) 420 000 : 6
540 000 : 9
270 000 : 3

c) 810 000 : 9
450 000 : 5
360 000 : 6

d) 300 000 : 5
400 000 : 8
200 000 : 4

5 **1 H = 100**
24 H = 2 400

a) 18 H : 3
1 800 : 3

b) 15 H : 3
1 500 : 3

c) 45 H : 9
4 500 : 9

d) 63 H : 7
6 300 : 7

6 a) 1 600 : 8
2 100 : 7
3 600 : 9

b) 4 200 : 7
5 400 : 6
6 300 : 9

c) 2 800 : 4
3 500 : 5
4 800 : 8

d) 7 200 : 8
8 100 : 9
3 000 : 6

e) 2 500 : 5
4 000 : 8
2 000 : 5

200 300 300 400 400 500 500 500 600 600 700 700 700 900 900 900

7

a)

b)

c)

8

a)

b)

c)

9 12 000 : 3 = 4 000, denn 4 000 · 3 = 12 000
12 000 : 30 = _____, denn _____ · 30 = 12 000
12 000 : 300 = _____, denn _____ · 300 = 12 000

10 Rechne wie Zahline.

a) 24 000 : 8
24 000 : 80
24 000 : 800

b) 48 000 : 6
48 000 : 60
48 000 : 600

c) 280 000 : 7
280 000 : 70
280 000 : 700

d) 3 200 : 8
3 200 : 80
3 200 : 800

11 a) 12 000 | 16 000 : 4 | 40 | 400

b) 3 500 | 50 000 : 5 | 50 | 500

Weitere Übungen Seite 135

1

a) 2 400 : 600	b) 1 800 : 900	c) 2 700 : 300	d) 3 600 : 400	e) 4 200 : 700
2 400 : 60	1 800 : 90	2 700 : 30	3 600 : 40	4 200 : 70

2

a) 3 200 : 80	b) 2 700 : 300	c) 4 800 : 60	d) 7 200 : 800	e) 2 000 : 400
4 500 : 900	3 600 : 60	2 400 : 400	5 600 : 70	4 000 : 50

3

a) 3 600 : 400	b) 40 00 : 800
4 800 : 800	16 00 : 200
6 300 : 900	20 00 : 500

5 6 7 9 40 50 80

4 Dividiere alle Zahlen durch 60.

300 3 600 6 000 12 000 24 000

5

a) 35 000 : 5 000	b) 32 000 : 8 000	c) 16 000 : 4 000	d) 72 000 : 8 000
18 000 : 30	14 000 : 700	49 000 : 700	35 000 : 70
24 000 : 400	48 000 : 80	54 000 : 90	25 000 : 500
12 000 : 600	81 000 : 9 000	63 000 : 900	24 000 : 60

4 4 7 9 9 20 20 40 50 60 70 70 400 500 600 600 600

6

a) 160 000 | 320 000 : 4 | 40 | 400

b) 280 000 | 490 000 : 70 | 700 | 7 000

7 Suche die Fehler und berichtige die Lösungen.

a) 3 600 : 90 = 40	b) 72 000 : 90 = 800	c) 81 000 : 900 = 9
48 000 : 80 = 800	5 600 : 700 = 80	49 600 : 70 = 700
63 000 : 700 = 90	54 000 : 60 = 700	2 500 : 500 = 50

8

a) 240 : 10	b) 36 000 : 100	c) 546 000 : 1 000	d) 35 600 : 100
2 800 : 100	48 000 : 1 000	638 000 : 100	265 000 : 1 000
45 000 : 1 000	15 000 : 10	54 080 : 10	34 680 : 10

9

a) 154 000 | 270 000 : 100 | 1 000 | 10

b) 600 000 | 340 000 : 1 000 | 10 | 10 000

Weitere Übungen Seite 135

nach Christoph von Schmid

1 Ein a) _____ saß in einem Gasthaus und ruhte sich aus. Er roch den guten b) _____.

a)
16 000 : 8
4 · 6 000
9 000 : 30
42 000 : 6
10 000 − 3 200
50 · 4
8 000 − 1 200
14 000 : 70

b)
30 · 8
8 · 25
2 · 12 000
20 000 − 1 900
6 680 + 120
27 000 : 90
2 · 3 500
8 100 : 100
2 800 : 2
20 100 − 2 000

2 Der Wirt fragte: „Wollen Sie a) _____?" Der Wanderer darauf: „Nein. Ich bin von dem Duft des Bratens schon satt geworden." Der Wirt forderte: „So zahlen Sie für den Duft drei b) _____."

a)
3 900 + 2 900
540 · 2
280 + 800
10 800 − 4 000
2 700 : 9

b)
36 200 : 2
31 000 − 7 000
5 · 16
68 · 100
18 000 : 90

3 Der Wanderer wollte a) _____ zahlen und sie gingen zum Richter. Der Richter befahl dem Wanderer: „Geben Sie das Geld her!" Der Wanderer warf die Münzen wütend auf den b) _____. Der Richter fragte den Wirt: „Haben Sie den Klang des Geldes gehört?"

a)
80 · 3 + 60
1 000 − 750
2 100 : 30
30 000 : 1 000
181 · 100

b)
10 · 2 000 − 1 900
1 000 : 4
1 500 − 420
2 000 − 1 930
7 · 50 − 320

4 Der Richter urteilte: „Der Wanderer war mit dem a) _____ des Bratens zufrieden, der Wirt muss mit dem b) _____ des Geldes zufrieden sein." Und der Wanderer durfte sein Geld behalten.

a)
14 000 : 2
200 − 119
2 800 : 2
9 050 · 2

b)
2 510 : 10
4 800 : 60
48 000 : 2
9 · 50 − 150
800 · 70

H = 30	C = 70	L = 80	U = 81	R = 200	B = 240	I = 250			
K = 251	N = 300	S = 1 080	F = 1 400	W = 2 000	E = 6 800	D = 7 000	T = 18 100	A = 24 000	G = 56 000

1 Teile alle Zahlen auf der Tafel durch 3.
Entscheide bei jeder Aufgabe neu, ob sie für dich leicht oder schwer ist.

2

a)	b)	c)
7 996 : 4	792 : 8	1 495 : 5
11 996 : 4	1 592 : 8	2 980 : 5
19 992 : 4	3 992 : 8	9 980 : 5
31 992 : 4	63 992 : 8	54 485 : 5

3 Die Aufgaben für die leichte Kiste rechne im Kopf. Denke auch an Wecker-Aufgaben.
Die Aufgaben für die schwere Kiste rechne in Schritten.

a) : 4

28 016, 35 492, 2 392, 400 020, 3 200, 276, 13 240, 22 200, 344, 20 400

69, 86, 598, 800, 1 310, 3 310, 5 100, 5 550, 7 004, 8 873, 100 005

b) : 6

1 812, 36 018, 24 060, 24 006, 1 380, 648, 3 054, 12 066, 30 480, 1 794

108, 230, 299, 302, 509, 2 011, 4 001, 4 010, 4 100, 5 080, 6 003

4 Aufgaben mit Rest: leichte und schwere.

a) : 3

12 001, 4 201, 1 508, 599, 1 231, 3 061, 18 020, 33 016, 319, 21 599

106 R 1, 199 R 2, 410 R 1, 502 R 2, 1 020 R 1, 1 200 R 2, 1 400 R 1, 4 000 R 1, 6 006 R 2, 7 199 R 2, 11 005 R 1

b) : 5

20 052, 4 064, 35 504, 15 151, 1 006, 3 506, 45 003, 25 302, 46 502, 50 053

201 R 1, 701 R 1, 801 R 2, 812 R 4, 3 030 R 1, 4 010 R 2, 5 060 R 2, 7 100 R 4, 9 000 R 3, 9 300 R 2, 10 010 R 3

④ Das Ergebnis kann so notiert werden: 12 001 : 3 = 4 000 R 1 oder 12 001 : 3 = 4 000 + 1 : 3

1

2 Dividiere wie Zahlix. Der Quotient hat immer die Quersumme 10.

a) 732 : 3　　b) 940 : 4　　c) 978 : 6　　d) 952 : 7　　e) 944 : 8

3

a) 846 : 3　572 : 2
b) 988 : 4　845 : 5
c) 794 : 2　522 : 3
d) 756 : 6　903 : 7
e) 9 364 : 2　6 870 : 5

126　129　169　174　247　282　286　397　1 374　2 512　4 682

4 Achte auf den Anfang. Rechne erst das Grobe. Der Quotient hat immer die Quersumme 18.

a)

T H Z E　　T H Z E
7 1 0 1 : 3 =

b)

T H Z E　　H Z E
2 5 9 2 : 3 =

c) 9 144 : 4　3 312 : 4
d) 9 765 : 5　3 915 : 5
e) 7 722 : 6　5 346 : 6
f) 8 379 : 7　3 276 : 7
g) 9 504 : 8　6 048 : 8

5

a) Alles durch 4.
261　1 251
546　1 689
774　1 752
963　2 736

b) Alles durch 6.
174　834
364　1 126
516　1 168
714　1 824

c) Alles durch 2.
522　2 502
1 092　3 378
1 436　3 504
1 548　5 472

6

a) Alles durch 7.
296　1 128
672　1 272
728　1 288
1 028　1 976

b) Alles durch 8.
259　987
588　1 113
637　1 127
816　1 729

c) Alles durch 4.
518　2 226
1 176　2 254
1 274　3 116
1 974　3 458

Weitere Übungen Seite 135

1 Hannah und Lars rechnen die Aufgabe 9 436 : 4.

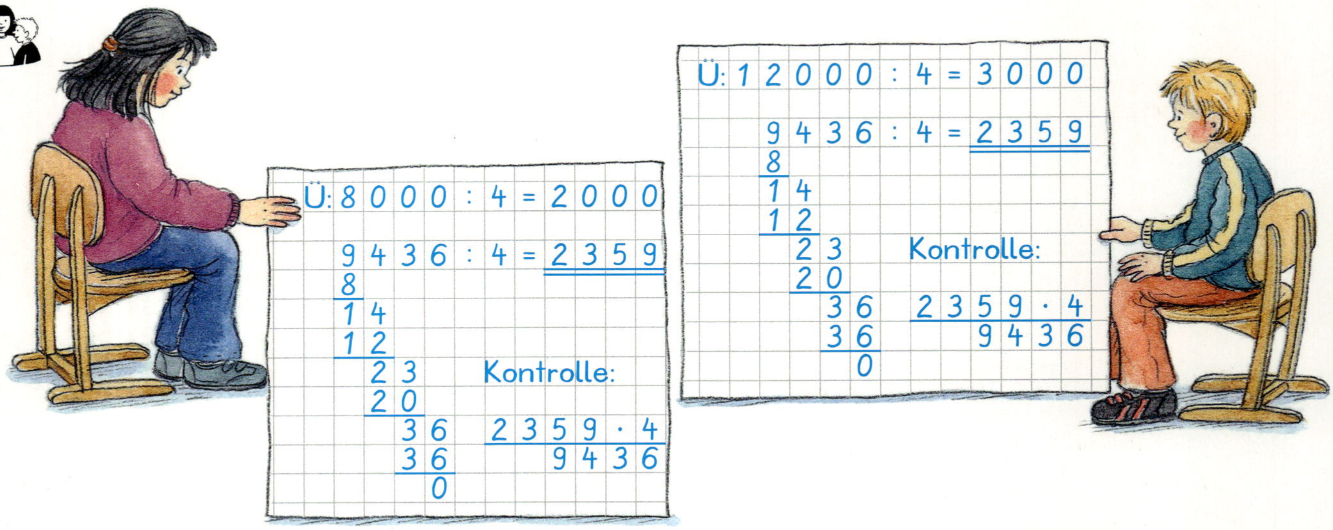

2 Dividiere. Kontrolle nicht vergessen!

a) 49 532 : 4
9 112 : 4
552 : 4

b) 815 : 5
6 205 : 5
58 140 : 5

c) 8 415 : 5
489 : 3
784 : 4

d) 9 037 : 7
9 144 : 6
8 960 : 5

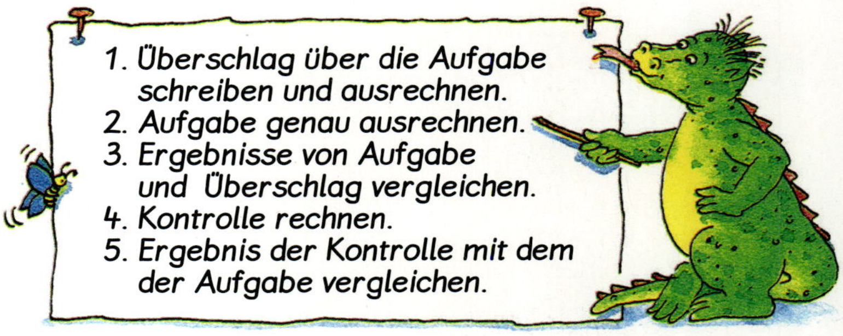

3 Welche Ergebnisse sind falsch? Das kannst du mit dem Überschlag herausfinden.

a) 68 174 : 2 = 3 487
2 655 : 3 = 8 885
38 885 : 5 = 7 777

b) 1 548 : 4 = 387
7 110 : 5 = 142
40 593 : 7 = 3 799

c) 36 720 : 6 = 612
6 279 : 7 = 897
48 069 : 9 = 541

d) 53 328 : 8 = 666
5 022 : 9 = 558
1 068 : 6 = 178

4

a) (26 712 | 82 782) : (6 | 7 | 9)

b) (38 352 | 97 872) : (3 | 4 | 8)

5 Familie Kaiser zahlt im Jahr 5 100 € für die Wohnung.
Jennifer rechnet aus, wie viel Miete die Eltern jeden Monat zahlen.

Monate	1	2	4	6	12
Miete					5100 €

6 Löse jede Aufgabe mit einer Rechentabelle.

a) Familie Kranz zahlt im Jahr 5 820 € Miete.

b) Frau Christ zahlt für ihre kleine Wohnung 3 300 € im Jahr.

7

a) *Wenn ich meine Zahl durch 6 dividiere, dann erhalte ich 1 354.*

b) *Dividiere 42 312 durch 4. Addiere dann zum Quotienten 422. So erhältst du meine Zahl.*

c) *Bilde den Quotienten von 63 999 und 9. Subtrahiere dann 3 768. So erhältst du meine Zahl.*

1 Rechne und kontrolliere mit der Umkehraufgabe.

2 Achtung! Nullen im Ergebnis!

a)	b)	c)	d)	e)
4 215 : 3	8 114 : 2	9 236 : 4	75 999 : 7	54 675 : 9
3 204 : 3	7 418 : 2	7 320 : 4	37 149 : 7	24 570 : 9

1 068 1 405 1 830 2 309 2 730 3 709 4 057 5 307 6 075 8 051 10 857

3 Hier gibt es immer zwei Nullen im Ergebnis. Jedes Ergebnis hat die Quersumme 11.

a)	b)	c)	d)	e)
84 036 : 6	80 252 : 4	95 100 : 3	90 171 : 9	64 000 : 5
92 763 : 9	96 240 : 6	81 040 : 2	95 005 : 5	82 456 : 8

4 Zeitungsmeldungen. Was kannst du rechnen?

a) **Guter Messebesuch**
Leipzig. An den letzten drei Tagen haben fast 165 000 Besucher die Leipziger Buchmesse besucht. Das

b) **Autoproduktion steigt wieder**
Berlin. In den letzten neun Monaten wurden in der Bundesrepublik schon 486 000 Autos produziert. Damit ist die Produktion des Vorjahres bereits zu diesem Zeitpunkt erreicht, und es hat den

c) **Lottogemeinschaft erfolgreich**
Unna. Am Wochenende gewannen die sechs Mitglieder einer Lottogemeinschaft mit ihrem Tipp fast eine Million (genau 984 438 €). Der Gewinn wird gleichmäßig auf alle Beteiligten

d) **Neuer Rekord für das Guinness-Buch**
Los Angeles. In 8 Stunden 12 864 Schuhe geputzt. Dieser einmalige Rekord gelang dem Texaner George Stafford bei einer Wohltätig-

5

a)

b)

6

a)

b)

c)

Weitere Übungen Seite 135

1 a) Schulfest. Jedes Kind erhält drei Getränkemarken. Auf einer Rolle sind 500 Marken. Für wie viele Kinder reicht die Rolle?

b) Beim Schulfest werden Blumen verkauft. Die Kinder binden 1 000 Tulpen in Sträußen. Jeder Strauß hat sieben Tulpen.

2 Die drei Aufgaben in einem Päckchen haben denselben Rest. Was fällt sonst noch auf?

a)	b)	c)	d)	e)
3 704 : 3	1 826 : 4	9 215 : 9	24 175 : 8	35 390 : 7
7 037 : 3	2 270 : 4	10 835 : 9	25 615 : 8	38 540 : 7
10 370 : 3	2 714 : 4	11 078 : 9	25 687 : 8	38 855 : 7

3 Wodurch unterscheiden sich die beiden Ergebnisse?

a)	b)	c)	d)	e)
7 159 : 2	6 830 : 7	5 187 : 6	7 406 : 3	18 723 : 4
10 738 : 3	8 780 : 9	6 915 : 8	12 342 : 5	32 763 : 7

4 a) Dividiere die Zahl 2 521 durch alle Zahlen von 2 bis 9. Du erhältst immer den Rest 1.

b) Dividiere die Zahl 98 284 durch alle Zahlen von 5 bis 9. Du erhältst immer den Rest 4.

5 In jeden Restekorb kommen gleich viele Ergebnisse.

1402 1960 2489 3087 7308 8997 11 111 11 995 15 002 15 151 20 000 20 202

a)

b)

Welche Reste-Körbe braucht Zahline?

6 Dividiere alle Zahlen durch 5. Welche Restekörbe brauchst du?
Kannst du schon vor dem Ausrechnen sagen, in welchen Reste-Korb das Ergebnis kommt?

4 549 6 060 10 605 17 171 21 716 28 282 32 827 39 393 43 938 45 454

7 a) Beim Schulfest wurde ein Reinerlös von 1 076 € erzielt. Die Hälfte davon geht als Spende an die Welthungerhilfe.

b) Von der anderen Hälfte sollen Bücher für die Klassenbüchereien angeschafft werden. Deshalb teilen sich die acht Klassen diesen Betrag. Sie nehmen aber nur einen vollen Euro-Betrag für jede Klasse. Der Rest kommt zu der Spende hinzu.

① Das Ergebnis kann auch so notiert werden: 500 : 3 = 166 + 2 : 3

Weitere Übungen Seite 136

1

2 Fünf Freundinnen kaufen für ihre Schulkameradin gemeinsam ein Sweatshirt zum Geburtstag. Das Sweatshirt kostet 19,95 €.

3 Vier Freunde suchen ein Geschenk für Mirko. Sie entscheiden sich für einen Personenwagen für Mirkos Modelleisenbahn. Der Wagen kostet 14,80 €.

4

a)	b)	c)	d)
224,25 € : 5	328,50 € : 5	476,55 € : 9	805,98 € : 6
432,03 € : 3	704,60 € : 4	751,45 € : 7	872,64 € : 8

32,50 € 44,85 € 52,95 € 65,70 € 107,35 € 109,08 € 134,33 € 144,01 € 176,15 €

5 Kartei

a) Mutter bekommt zum Geburtstag von ihren vier Kindern eine CD. Die CD kostet 19 €.

b) Vater bekommt zum Geburtstag von seinen vier Kindern einen schönen Blumenstrauß. Der Strauß hat 17 € gekostet.

6 Im Kopf oder schriftlich? Wie geht es schneller? Entscheide bei jeder Aufgabe neu. Alle Ergebnisse haben die Quersumme 13.

a)	b)
71 € : 2	88,64 € : 2
47 € : 5	28,63 € : 7
14 € : 8	90,42 € : 6
25 € : 4	630,80 € : 2
147 € : 3	640,40 € : 8
122 € : 8	1 071,99 € : 9

Weitere Übungen Seite 136

In Klasse 4b taucht das Thema Taschengeld auf.
Die Kinder beschließen eine Umfrage zu machen.
Sie entwerfen einen Text.

Taschengeld ist ein heißes Thema.

Wir machen eine Umfrage.
Selbstverständlich anonym (ohne Namen!).
Wenn ihr wollt, teilen wir euch die Ergebnisse mit.

Nun kreuzt an und füllt aus, bitte.

Ich bin ein Mädchen ☐
ein Junge ☐
Ich bekomme regelmäßig Taschengeld: ja ☐
nein ☐
Mein Taschengeld pro Woche beträgt: _____ €.

1 Julia und Tobias werten neun Antworten aus.
Wie viele Kinder haben mehr als 3 € Taschengeld? Wie viele weniger als 2 €?

Junge/Mädchen	J	J	M	M	M	J	M	M	J
Taschengeld/€	2,00	3,00	1,50	3,00	2,00	1,00	1,50	3,00	4,00

2 Bekommen die Mädchen mehr Taschengeld als die Jungen?

3 Svenja und Lukas werten weitere Antworten aus, diesmal von fünf Mädchen und sechs Jungen. Bekommen die Mädchen mehr Taschengeld als die Jungen?

M	J	J	J	M	M	J	J	M	J	M
3,00 €	2,50 €	2,00 €	1,50 €	2,50 €	3,00 €	0 €	2,50 €	2,00 €	5,00 €	2,50 €

4

5 Macht selbst eine Umfrage.
Denkt euch auch einen Text aus.
Wollt ihr weitere Fragen stellen?

Kartei

Jch gebe jede Woche alles aus. ☐
Jch gebe nie alles aus. ☐
Jch spare nur für besondere Fälle. ☐

1 Wie lange haben die Kinder gestern Fernsehen geschaut?
Nora sagt: „Im Schnitt haben die Kinder eine Stunde Fernsehen geschaut."
Was meint sie? Wie hat sie gerechnet?

a)

b)

c)

2 Die Klasse 4a fragt verschiedene Gruppen von Kindern, wie lange sie gestern ungefähr ferngesehen haben. Sie tragen die Antworten in eine Tabelle ein.

Fernsehen?	gar nicht	$\frac{1}{2}$ Stunde	1 Stunde	1 $\frac{1}{2}$ Stunden	2 Stunden	2 $\frac{1}{2}$ Stunden
Gruppe A				I	II	I
Gruppe B	I	I	II			I
Gruppe C		I	I	I	I	
Gruppe D	I	II	I		IIII	II

Beantworte für jede Gruppe:
a) Wie viele Kinder sind in der Gruppe?
b) Wie lange haben die Kinder der Gruppe im Schnitt Fernsehen geschaut?

3 Die Klasse 4a hat am Mittwoch eine Umfrage zum Thema Fernsehkonsum gemacht:
„Wie lange hast du gestern ungefähr Fernsehen geschaut?"

Fernsehen?	gar nicht	$\frac{1}{2}$ Stunde	1 Stunde	1 $\frac{1}{2}$ Stunden	2 Stunden	2 $\frac{1}{2}$ Stunden
Mädchen	II	𝍸		II	II	I
Jungen		I	III	I	I	II

Haben die Mädchen oder die Jungen am Dienstag mehr Fernsehen geschaut?

4 Am Montag hat die Klasse 4a die Umfrage wiederholt.
„Wie lange hast du am Samstag ungefähr Fernsehen geschaut?"

Fernsehen?	gar nicht	$\frac{1}{2}$ h	1 h	1 $\frac{1}{2}$ h	2 h	2 $\frac{1}{2}$ h	3 h	4 h
Mädchen	II	I		I	II	II	III	I
Jungen			II	II	I	II		I

a) Warum gibt es wohl zwei Spalten mehr in dieser Tabelle?
b) Haben die Mädchen oder die Jungen im Schnitt am Samstag mehr Fernsehen geschaut?

1 6 000 | 360 000 : 6 | 60 | 600

2 Rechne zuerst die leichten Aufgaben im Kopf, dann die anderen in Schritten. Denke auch an Wecker-Aufgaben.

:8

24 056, 72 016, 4 056, 40 080, 39 992, 792, 799 960, 480 240, 646 464

99, 507, 3 007, 4 999, 5 010, 9 002, 10 010, 60 030, 80 808, 99 995

3 Aufgaben mit Rest.

:5

30 007, 80 008, 4 532, 45 046, 4 999, 997, 21 021, 50 403, 600 006, 20 202

199 R2, 906 R2, 999 R4, 4 040 R2, 4 204 R1, 5 006 R4, 6 001 R2, 9 009 R1, 10 080 R3, 16 001 R3, 120 001 R1

4 Dividiere die Zahl 98 284 durch die Zahlen von 5 bis 9. Was stellst du fest?

1

12 915, 5 607, 26 208, 63 945, 38 304, 97 965, 4 851

a) Alles durch 3.
1 617, 12 768, 1 869, 14 764, 4 305, 21 315, 8 736, 32 655

b) Alles durch 7.
693, 4 701, 801, 5 472, 1 845, 9 135, 3 744, 13 995

c) Alles durch 9.
539, 2 912, 623, 4 256, 1 435, 7 105, 1 635, 10 885

2 Teile die Zahl 90 720 durch jede Zahl von 2 bis 9.

10 080, 11 340, 12 960, 15 120, 18 144, 22 680, 28 144, 30 240, 45 360

Fragen – Lösen – Antworten

1 a) Drei Freundinnen fahren zusammen in Urlaub. Sie bezahlen dafür insgesamt 1 047 €.

b) Sieben Freunde bezahlen für eine Bahnfahrt insgesamt 379,40 €.

c) Eine Viererkarte für den Bus kostet 9,60 €. Wie teuer ist eine Fahrt?

d) In einer anderen Stadt kostet eine Viererkarte 18,60 €.

2,40 € 4,65 € 6,75 € 54,20 € 349 €

2 a) Zwei Geschwister kaufen für ihre Mutter ein Geschenk zu 39,98 €.

b) Drei Geschwister kaufen für Vater eine CD. Jedes Kind gibt 7,65 €.

c) Mutter bekommt von ihren vier Kindern einen Blumenstrauß. Der Strauß kostet 15 €.

3,75 € 10,95 € 19,99 € 22,95 €

3 a) Carla hat für vier Neonstifte 3,72 € bezahlt. Ihre Freundin kauft ihr einen ab.

b) Jonas hat eine Fünfer-Packung Videokassetten für 6,95 € gekauft. Tina kauft ihm zwei Kassetten ab.

0,93 € 2,78 € 8,55 €

1 a) Die Kinder haben eingekauft. Wie schwer sind ihre Taschen?
Gib das Ergebnis in Kilogramm an.

Alina	Nils	Nico	Lara
2 kg Kartoffeln	600 g Porree	5 kg Kartoffeln	900 g Porree
500 g Möhren	1 kg Broccoli	600 g Paprika	1,5 kg Broccoli
300 g Paprika	3 kg Kartoffeln	1 kg Möhren	3,5 kg Kartoffeln

b) Wie viel Euro müssen die Kinder für den Einkauf bezahlen?

4,55 €   4,85 €   5,90 €   6,15 €   8,60 €

2 Schreibe als Kilogramm mit Komma.

a) 3 800 g; 2 600 g
b) 2 250 g; 3 471 g
c) 4 360 g; 800 g
d) 750 g; 4 307 g
e) 500 g; $\frac{3}{4}$ kg
f) $\frac{1}{2}$ kg; $3\frac{1}{2}$ kg

3 a) 260,40 € : 8; 461,40 € : 4
b) 432,16 € : 4; 567,28 € : 8
c) 502 € : 4; 602 € : 8
d) 555 € : 6; 257 € : 4
e) 252 € : 5; 489 € : 6

32,55 €   50,40 €   64,25 €   70,91 €   75,25 €   81,50 €   82,50 €   92,50 €   108,04 €   115,35 €   125,50 €

1 Zeichne einen Kreis mit dem Radius 4 cm.
Zeichne das Muster hinein.

a) 

b) 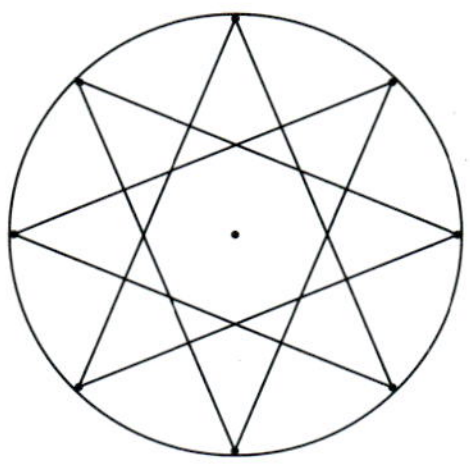

c) 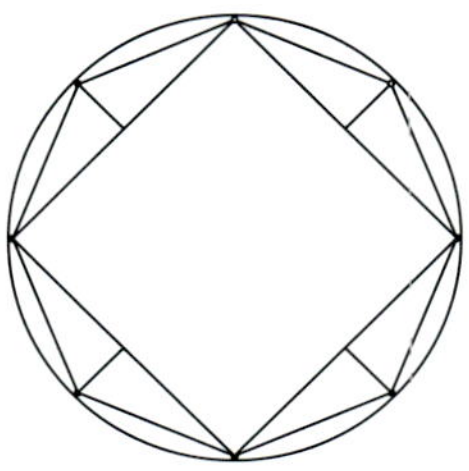

d) 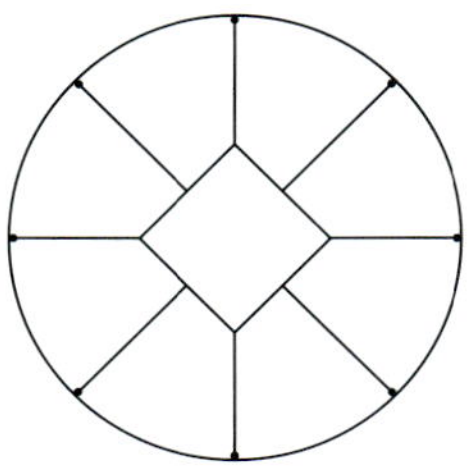

2 Zeichne vier Kreise mit dem gleichen Mittelpunkt. Der erste Kreis hat einen Radius von 15 mm. Die anderen Kreise haben einen Radius, der immer 10 mm größer wird.

Was kostet es einzeln?

a) 
zusammen 1,98 €

zusammen 3,75 €

b) 
zusammen 3,87 €

zusammen 1,18 €

zusammen 3,67 €

Körper und Körpernetze

1 Beschreibe die Dinge auf dem Bild. Welche sehen anders aus als gewohnt? Wie sehen sie sonst aus?

2 Was wäre, wenn …

… ein Schulranzen so aussehen würde?

3 Was wäre, wenn …

a) … die Gießkanne …

b) … die Handschuhe …

c) … der Schreibtisch …

4 Erfinde eigene „Was wäre, wenn-Fragen“. Tauscht sie aus und beantwortet sie.

1 Körperrätsel: Welcher Körper kann es sein?

a) Ich habe keine Ecken, aber zwei Kanten. Ich habe drei Flächen, zwei davon sind rund. Ich kann stehen und rollen.

b) Ich habe keine Ecken, keine Kanten und nur eine Fläche. Mit mir spielen kleine und große Leute.

c) Ich habe fünf Ecken und viele Kanten. Meine Flächen haben nicht alle die gleiche Form.

2 Ordne: Immer zwei Gegenstände passen zusammen. Welche Form haben sie? Suche weitere Gegenstände mit dieser Form.

3 Welcher Körper kann das sein?

a) Ich habe nur drei Flächen.

b) Ich habe genau so viele Flächen wie Ecken.

c) Ich habe weder Ecken noch Kanten.

d) Ganz gleich wie du mich durchschneidest, du siehst immer einen Kreis.

1 a) Wie heißen diese Körper? Schreibe ihre Namen auf.

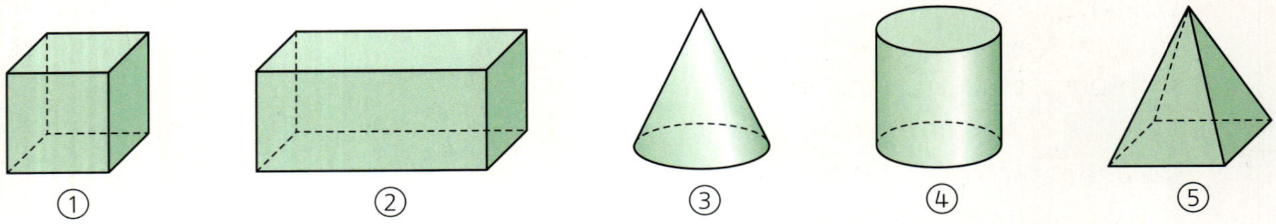

b) Ordne die Körper den verschiedenen Netzen zu.

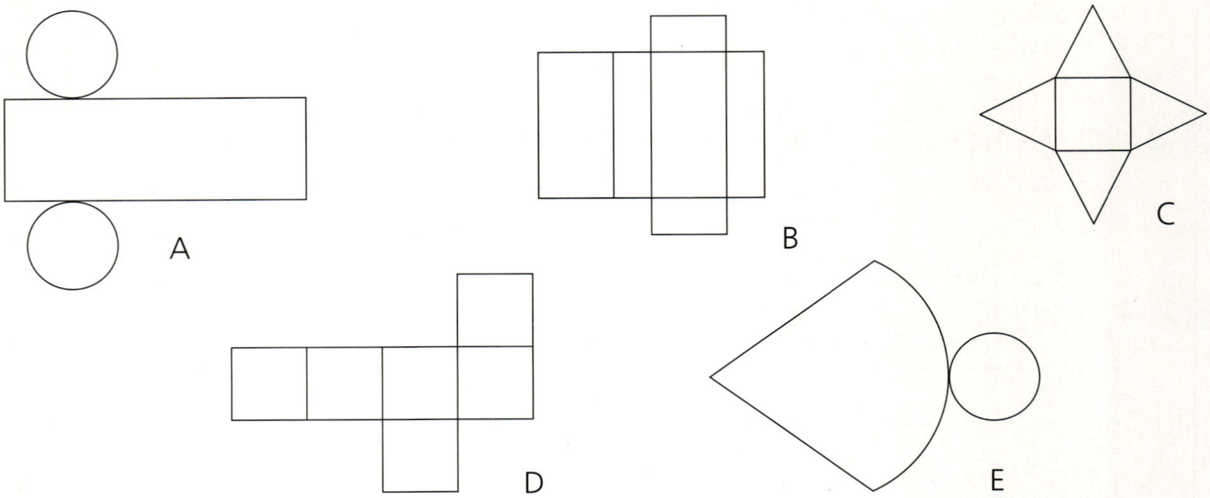

2 Schreibe die Netze auf, aus denen du einen Quader falten kannst.

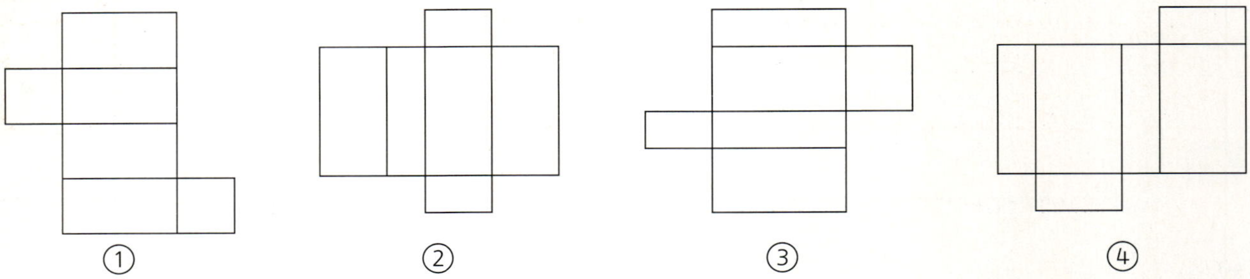

3 Zeichne die Figuren ab. Vervollständige sie dann zu Quadernetzen.
Male gegenüberliegende Flächen mit derselben Farbe aus.

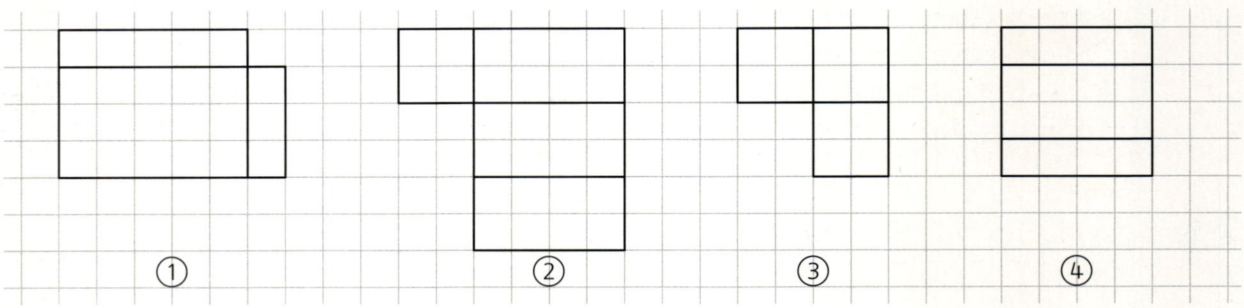

4 Immer derselbe Würfel. Welcher Buchstabe steht auf der unteren Fläche?
Zeichne das Würfelnetz in dein Heft und falte zur Kontrolle einen Würfel.

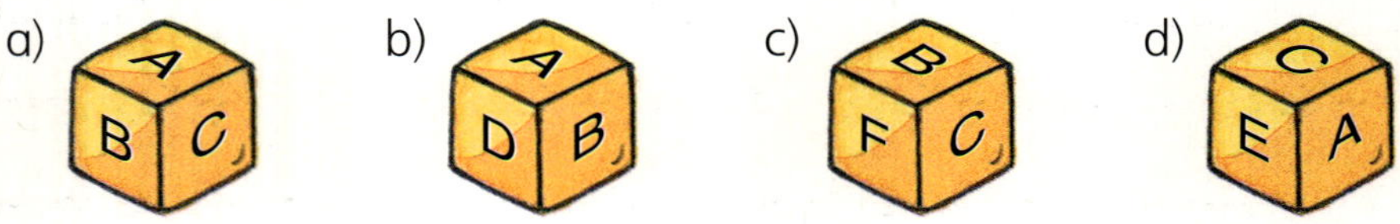

1 Zeichne aus freier Hand ein Parallelogramm und ein Trapez.
Prüfe mit dem Geodreieck, ob du die Seiten auch parallel gezeichnet hast.

2 Zeichne verschiedene Dreiecke.

a) Die Dreiecke sollen drei gleichlange Seiten haben.

b) Die Dreiecke sollen zwei gleichlange Seiten haben.

3 Wer hat richtig gezeichnet? Lies den Text genau durch, dann prüfe nach.

Zeichne zuerst ein Rechteck. Zeichne an eine kurze Seite des Rechtecks ein Quadrat. Auf dem Quadrat steht ein Dreieck mit zwei gleichlangen Seiten. Zeichne noch einen Kreis auf die Spitze des Dreiecks.

4 Versuche das Bild zu zeichnen. Was erkennst du?

Zeichne ein Dreieck mit drei gleichlangen Seiten. Zeichne an die untere Seite des Dreiecks ein Rechteck, eine Seite genauso lang wie die Seite des Dreiecks. An die rechte Seite des Dreiecks zeichne ein Parallelogramm. Ergänze die lange Seite des Parallelogramms und die Seite deines Rechtecks zu einem Parallelogramm.

5 Schreibe auf, wie die Figur gezeichnet worden ist.

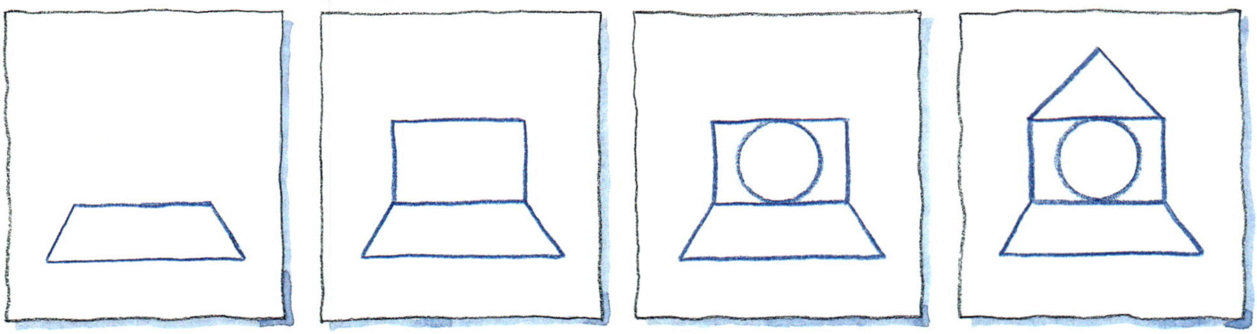

1 Rechne wie der Pharao.

Jeder Kameltreiber hat 75 Kamele.
a) 18 Kameltreiber
b) 30 Kameltreiber
c) 35 Kameltreiber
d) 50 Kameltreiber
Wie viele Kamele?

2 Neue Aufgaben für den Pharao.
Jeder Kameltreiber hat 80 Kamele.
a) 20 Kameltreiber
b) 30 Kameltreiber
c) 32 Kameltreiber

3 Jeder Kameltreiber hat 75 Kamele.
Wie viele Kameltreiber sind es?
Sie haben insgesamt
a) 450 Kamele c) 375 Kamele
b) 750 Kamele d) 1 875 Kamele

1

Wähle eine Zahl.
Multipliziere sie mit 300.
Das Produkt hat die
Quersumme 12.

412 1 072 11 737 1 474 2 374 1 717

412 · 300
412 · 3 H
1 236 H
1 236 H = 123 600

2 Alle Produkte haben die Quersumme 18.

a)	b)	c)	d)
1 584 · 400	3 036 · 300	1 449 · 500	1 635 · 600
486 · 200	117 · 500	363 · 900	99 · 400
1 404 · 600	1 013 · 900	2 079 · 400	1 758 · 300
2 172 · 300	807 · 600	1 375 · 900	198 · 200

3 Multipliziere die Zahlen mit 90. Rechne wie Zahline.
Das Produkt hat immer die Quersumme 18.

352 365 506 536 737 1 707 2 037 2 602 3 268 3 599

4 Alle Produkte haben die Quersumme 18.

a)	b)	c)	d)	e)
648 · 800	1 305 · 600	6 138 · 400	2 418 · 300	5 708 · 900
1 566 · 80	7 680 · 60	1 089 · 50	3 771 · 40	3 087 · 70

5 Zahlix und Zahline rechnen die Aufgabe 43 · 27 auf verschiedene Weise. Erkläre.

6 Rechne wie Zahlix.

a)	b)	c)	d)	e)	f)
67 · 23	38 · 42	45 · 36	28 · 35	82 · 77	55 · 66
76 · 48	75 · 93	65 · 62	58 · 85	93 · 44	88 · 55

980 1 541 1 596 1 620 2 516 3 630 3 648 4 030 4 092 4 840 4 930 6 314 6 975

Weitere Übungen Seite 136

1 Ein LKW-Fahrer fährt an 234 Tagen im Jahr von Köln nach Brüssel und zurück. Hin und zurück sind es 396 km. Wie viel Kilometer fährt er im Jahr?

```
396 · 234
  79200
  11880
   1584
```

2 Jedes Produkt hat die Quersumme 27.

a) 414 · 216
579 · 144

b) 376 · 288
444 · 135

c) 249 · 432
114 · 576

3 Jedes Produkt hat die Quersumme 24.

a) 385 · 627 b) 939 · 125 c) 372 · 416 d) 483 · 958 e) 572 · 777 f) 208 · 744

4 a) 843 · 27
467 · 35

b) 307 · 38
608 · 63

c) 243 · 273
792 · 531

d) 2 048 · 63
6 207 · 85

e) 3 108 · 172
2 806 · 156

11 666 16 345 22 761 35 258 38 304 66 339 129 024 420 552 437 736 527 595 534 576

5

```
a) 367 · 708      b) 485 · 604      c) 568 · 270
   256900            291000            113600
     2936              1940             39760
```

6 Jedes Produkt hat die Quersumme 27.

a) 624 · 807
725 · 405

b) 543 · 903
792 · 609

c) 856 · 306
723 · 507

d) 639 · 510
743 · 360

7 Welche Aufgabe rechnest du schneller, die obere oder die untere?

a) 2 020 · 487
487 · 2 020

b) 707 · 456
456 · 707

c) 809 · 222
222 · 809

d) 560 · 404
404 · 560

e) 303 · 777
777 · 303

179 598 226 240 235 431 322 392 726 511 983 740

8 Zahlix verkürzt die Schreibweise.
Rechne ebenso, wenn du willst.
Du erhältst immer besondere Zahlen als Ergebnisse.

a) 851 · 546
3 185 · 111

b) 3 367 · 159
1 638 · 259

c) 6 216 · 143
1 813 · 429

d) 1 443 · 168
273 · 481

e) 1 147 · 273
1 365 · 148

f) 5 291 · 105
3 003 · 222

```
851 · 546
4255
  3404
   5106
   1
464646
```

9 Wer entdeckt das Geheimnis? Rechne jedes Mal wenigstens drei Beispiele.

a) Denke dir eine Zahl zwischen 300 und 400. Berechne
- das 357fache der Zahl,
- das 100fache der Zahl,
- das 543fache der Zahl.

Addiere die Ergebnisse.

b) Denke dir eine Zahl zwischen 600 und 800. Berechne
- das 500fache der Zahl,
- das 201fache der Zahl,
- das 299fache der Zahl.

Addiere die Ergebnisse.

c)

1

Aufgabe	Überschlag
205 · 21	200 · 20
205 · 39	200 · 40
205 · 62	200 · 60
205 · 78	200 · 80
205 · 103	200 · 100
205 · 197	200 · 200
205 · 311	200 · 300

a) Zwei Ergebnisse liegen unter 10 000. Rechne diese Aufgaben.
b) Zwei Ergebnisse liegen zwischen 10 000 und 20 000. Rechne.
c) Zwei Ergebnisse liegen über 30 000.

2

398 · 21
398 · 39
398 · 62
398 · 78
398 · 103
398 · 197
398 · 411
398 · 425

a) Zwei Ergebnisse liegen unter 20 000. Rechne diese Aufgaben.
b) Zwei Ergebnisse liegen über 120 000.
c) Drei Ergebnisse liegen zwischen 20 000 und 50 000.

3

612 · 21
612 · 39
612 · 62
612 · 78
612 · 103
612 · 197
612 · 311
612 · 425

a) Drei Ergebnisse liegen zwischen 20 000 und 50 000.
b) Ein Ergebnis liegt zwischen 50 000 und 100 000.
c) Drei Ergebnisse liegen über 100 000.

4 In jedem Päckchen gibt es zwei falsche Ergebnisse. Das kannst du durch den Überschlag herausfinden. Wie heißen die richtigen Ergebnisse?

a) 798 · 49 = 39 102
1 078 · 23 = 22 794
2 107 · 71 = 14 997

b) 438 · 307 = 103 466
506 · 707 = 357 742
805 · 508 = 480 940

c) 528 · 405 = 21 384
485 · 240 = 11 640
317 · 203 = 64 351

5

6 Spielt in Kleingruppen. Ein Kind wählt die Aufgabe und rechnet wie Nina. Die anderen Kinder schreiben einen Überschlag auf. Vergleicht die Überschläge.

a) 278 · 335
b) 613 · 209
c) 4 123 · 38
d) 6 523 · 55
e) 298 · 498
f) 253 · 464
g) 2 835 · 43
h) 3 440 · 76

Weitere Übungen Seite 136

1 Im Kopf oder schriftlich? Alle Produkte haben die Quersumme 9.

a)	b)	c)
600 · 900	6 000 · 12	2 001 · 300
150 · 300	2 502 · 40	6 179 · 18
417 · 120	1 500 · 60	1 073 · 207
375 · 108	1 443 · 84	300 · 210
801 · 50	3 367 · 90	977 · 126
889 · 45	7 000 · 90	111 · 111

2 Mit der Blau-mal-rot-Rakete in die Welt der Zahlen.
Welche Zahlen musst du tanken, um so weit zu fliegen?

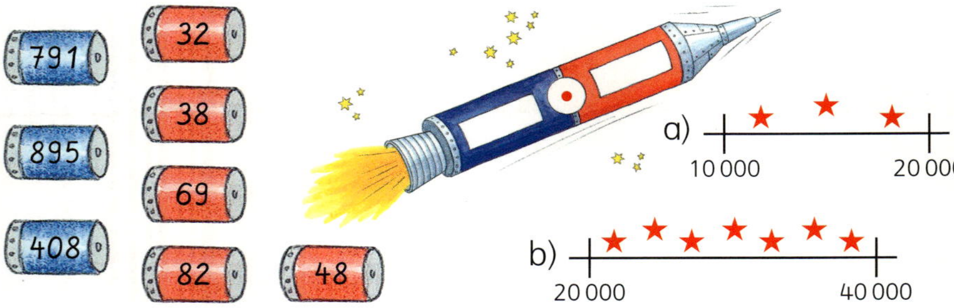

3

Hiermit geht es noch viel weiter.

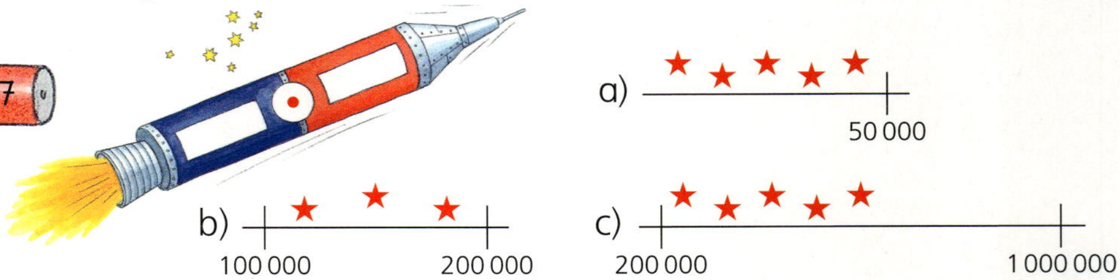

4 Rechne erst die Multiplikations-Aufgabe. Dann dividiere das Ergebnis durch 7.
Du erhältst eine Zahl, in der nur die Ziffern 3 und 6 vorkommen.

a)	b)	c)	d)	e)
294 · 873	1 092 · 406	1 229 · 378	567 · 823	5 303 · 84
651 · 681	707 · 363	259 · 909	504 · 463	713 · 357

5 Du erhältst besondere Zahlen als Ergebnisse.

a)	b)	c)
6 350 · 67 − 92 117	1 807 · 451 − 37 180	60 218 − 1 652 · 23
7 880 · 81 − 82 725	1 296 · 541 − 34 470	89 557 − 2 536 · 34
5 070 · 96 − 42 276	1 407 · 690 − 81 942	98 120 − 3 718 · 24

6 Zahlenrätsel. Entdeckst du das Geheimnis?

a) Denke dir eine Zahl zwischen 200 und 300.
Berechne
- das 202fache,
- das 100fache
- das 699fache

dieser Zahl.
Addiere die Ergebnisse.

b) Denke dir eine Zahl zwischen 400 und 500.
Berechne
- das 3 280fache,
- das 2 279fache

dieser Zahl.
Subtrahiere die Ergebnisse.

c) Denke dir eine Zahl zwischen 700 und 800.
Berechne
- das 357fache,
- das 643fache

dieser Zahl.
Addiere die Ergebnisse zu deiner Zahl.

1 Die Kinder der 1. Klassen sind stolz. Sie haben viel Geld einnehmen können.
a) Berechne für jeden Gegenstand den Gesamtpreis.
b) Rechne am Schluss alles zusammen.

ABRECHNUNG			
Gegenstand	Anzahl	Einzelpreis	Gesamtpreis
Puzzle – 15 Teile	17	2,25 €	38,25 €
Puzzle – 24 Teile	15	3,90 €	
Puzzle – 72 Teile	8	6,95 €	
Klappkarten	35	2,50€	
		Gesamt-Summe:	

2,25 € · 17
2250
1575
38,25 €

2 Schreibe die Abrechnungen für die anderen Klassen.
Rechne die Gesamtpreise und die Gesamt-Summe aus.
a) 2. Klassen: 22 Quartettspiele, 11 Brettspiele, 28 Klappkarten
b) 3. Klassen: 32 Batik-Karten, 6 Geburtstagskalender DIN A4, 12 Geburtstagskalender DIN A6, 11 Memory-Spiele
c) 4. Klassen: 9 Foto-Alben, 8 Bilderbücher, 15 Klappkarten, 150 Sticker

3 Wie viel Geld hat die Schule durch den Verkauf der selbst gebastelten Spiele und Karten eingenommen?

4 Wie viel Geld hat die Schule durch den Verkauf von Kaffee und Kuchen eingenommen?

a) Caféteria
126 Apfelkuchen
135 Marmorkuchen
141 Kaffee

b) Kaffee-Stand Schulhof
72 Apfelkuchen
115 Marmorkuchen
92 Kaffee

c) Getränke-Stand
163 Kaffee
268 Saft

Apfelkuchen	1.60 €
Marmorkuchen	1.10 €
Kaffee	0,90 €
Saft	0,75 €

5
a) 60,26 € · 32
85,34 € · 28

b) 57,09 € · 45
74,18 € · 76

c) 90,37 € · 63
48,09 € · 96

d) 8,65 € · 304
9,07 € · 690

1 928,32 € 2 389,52 € 2 569,05 € 2 629,60 € 3 657,40 € 4 616,64 € 5 637,68 € 5 693,31 € 6 258,30 €

6 Multipliziere mit 105. Dann addiere die drei Beträge. Was fällt auf?
a) 8,21 € 30,57 € 61,22 €
b) 0,79 € 20,18 € 79,03 €

1 Schreibe zu jedem Päckchen noch zwei passende Aufgaben dazu.

a) $9 \cdot 1 + 2$
$9 \cdot 2 + 3$
$9 \cdot 3 + 4$

b) $9 \cdot 10 + 11$
$9 \cdot 11 + 12$
$9 \cdot 12 + 13$

c) $9 \cdot 39 + 40$
$9 \cdot 40 + 41$
$9 \cdot 41 + 42$

d) $9 \cdot 799 + 800$
$9 \cdot 800 + 801$
$9 \cdot 801 + 802$

e) Schau dir die Aufgaben und ihre Ergebnisse genau an. Entdeckst du eine Regel? Schreibe nach dieser Regel das Ergebnis der Aufgabe $9 \cdot 643 + 644$ auf, dann prüfe nach durch Ausrechnen.

f) Kannst du die Regel begründen? Schreibe auf.

2

Ein merkwürdiger Aufgaben-Berg.

a) Rechne erst die Multiplikations-Aufgabe schriftlich. Dann addiere im Kopf.

b) Schreibe noch zwei passende Aufgaben dazu.

c) Kannst du das Geheimnis des Berges beschreiben? Aufgabe 1a kann dir helfen.

3

Herr Meier legt eine Obstwiese an.

a) Er kauft einen Zaun, insgesamt 140 m lang. Die Wiese ist 30 m breit. Wie lang ist sie?

b) Die Bäume haben einen Abstand von 5 m. Der Abstand zum Zaun beträgt 5 m. Wie viele Bäume sind es?

4 Eine Weide soll umzäunt werden.
Alle 4 m steht ein Pfahl.
An der Längsseite stehen 20 Pfähle.
Insgesamt sind es 60 Pfähle.

a) Wie lang ist der Zaun?

b) Wie lang ist die Wiese? Wie breit ist sie?

5

Ein Raum soll gefliest werden.
Der Raum ist 6 m lang und 4 m breit.
Zwei Sorten quadratischer Fliesen stehen zur Auswahl. Die größere Fliese ist 40 cm breit und kostet 6 € pro Stück. Die kleinere Fliese ist 25 cm breit und kostet 2,50 € pro Stück.

1 Wo hast du schon einmal römische Zahlzeichen gesehen? Erzähle.

2 Gibt es auch in deiner Stadt Gebäude mit römischen Zahlzeichen?
Schreibe sie ab oder mache ein Foto.
Was bedeuten die Zahlzeichen?

3 Steht ein kleineres Zahlzeichen hinter einem größeren, so wird es addiert, steht es davor, so wird es subtrahiert.
Welche Zahlen sind es?

IV VI VIII IX XI XV XIX XXVII XXIX XXXIV

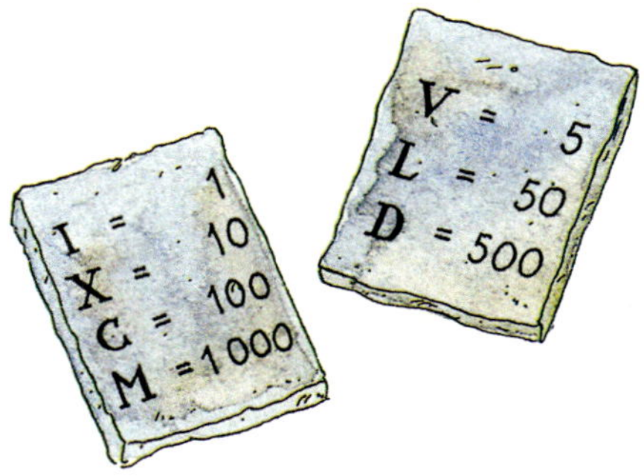

4 Welche Zahlen sind es?

a) XXIII
CXXXI

b) MCCII
MMXII

c) CCXXII
DCCLX

5 Welche Zahlen sind es?
Beachte: Jedes der Zeichen I, X, C und M kommt höchstens dreimal hintereinander vor.

CCX CXC CCCX CDLIX MMVI MDCC

6 Wann sind diese Gebäude gebaut worden?

MDCCIV MDCCCLIX MCCCLXVII MCMIX MDCLXXXVI

7 Schreibe mit römischen Zahlzeichen.

a) 53
99

b) 135
198

c) 1 510
1 309

d) 1 676
2 002

e) 1 507
1 999

f) 2 959
1 998

8 Welche Zahlen in unserer und in der römischen Schreibweise gehören zusammen?

756 DCCLVI 323 MDCCCXLIV 1 844 CCLXXXV CCCXXIII MMDCCLXXVII 285 424 CDXXIV 2 777

1 Rechne auf zwei Wegen.

a) $7 \cdot 8 + 7 \cdot 4$
$7 \cdot (8 + 4)$

b) $8 \cdot 60 + 8 \cdot 140$
$8 \cdot (60 + 140)$

c) $6 \cdot 180 - 6 \cdot 80$
$6 \cdot (180 - 80)$

d) $5 \cdot 270 - 5 \cdot 170$
$5 \cdot (270 - 170)$

2 Rechne auch hier auf zwei Wegen.

a) $316 : 4 + 44 : 4$
$(316 + 44) : 4$

b) $225 : 5 + 275 : 5$
$(225 + 275) : 5$

c) $80 : 8 + 16 : 8$
$(80 + 16) : 8$

d) $357 : 7 - 77 : 7$
$(357 - 77) : 7$

3 Vereinfache die Aufgabe.

a) $6 \cdot 20 + 6 \cdot 30$
$9 \cdot 90 - 9 \cdot 40$

b) $7 \cdot 25 + 7 \cdot 75$
$6 \cdot 24 - 6 \cdot 14$

c) $80 : 4 + 120 : 4$
$630 : 9 + 90 : 9$

d) $560 : 8 - 480 : 8$
$320 : 5 + 280 : 5$

4 Zahlix hat einige Aufgaben falsch gelöst. Berichtige die Aufgaben.

a) $(116 + 4) \cdot 5 = 600$
$116 + 4 \cdot 5 = 600$

b) $18 + 2 \cdot 60 = 1200$
$27 - 7 \cdot 3 = 60$

c) $(350 - 50) : 5 = 60$
$350 - 50 : 5 = 340$

5 Welche Zahl passt?

a) $(21 + a) \cdot 3 = 90$
$(27 - b) \cdot 4 = 100$

b) $7 \cdot (33 + c) = 350$
$9 \cdot (44 - d) = 270$

c) $(168 - x) : 4 = 40$
$490 : (76 - y) = 7$

6 Die Bäckerei Möhring hat an sechs Tagen in der Woche geöffnet. An jedem Tag werden 976 Kaiserbrötchen und 324 Mohnbrötchen gebacken.
Wie viele Brötchen sind es in sechs Tagen insgesamt? Löse auf zwei Wegen.

7 Welcher Zahlensatz gehört zu der Aufgabe?

a) *Multipliziere die Summe der Zahlen 116 und 84 mit 5.*

$(116 + 84) \cdot 5$
$116 + 84 \cdot 5$

b) *Berechne das Fünffache der Differenz der Zahlen 352 und 248.*

$352 - 248 \cdot 5$
$(352 - 248) \cdot 5$

c) *Dividiere die Zahlen 325 und 675 durch 5. Addiere die beiden Ergebnisse.*

$(675 + 325) : 5$
$675 : 5 + 325 : 5$

8

a) *Berechne den Quotienten aus der Summe von 326 und 34 und der Zahl 90.*

b) *Bestimme das Produkt aus der Summe der Zahlen 24 und 16 und der Differenz der beiden Zahlen.*

1

2 a) 9 031 : 11 b) 7 623 : 11 c) 33 935 : 11 d) 20 856 : 11 e) 23 606 : 11

6 424 : 11 5 973 : 11 11 275 : 11 10 857 : 11 88 275 : 11

584 543 693 821 921 987 1 025 1 896 2 146 3 085 8 025

3 Dividiere erst durch 11, dann das Ergebnis durch 7.

a) Vergleiche die Ergebnisse. Was fällt dir auf?

1 001 2 002 3 003 4 004 5 005 6 006 7 007 8 008

b) Wie geht es weiter? Findest du noch weitere Aufgaben?

4

5 a) 17 270 : 20 b) 41 360 : 30 c) 123 770 : 50 d) 357 620 : 40

35 326 : 20 28 369 : 30 156 853 : 50 328 484 : 40

6 Aufgaben ohne Rest. Jedes Ergebnis hat die Quersumme 14.

a) 27 420 : 30 b) 21 400 : 50 c) 68 080 : 80 d) 32 700 : 60

26 120 : 40 19 250 : 70 66 060 : 90 18 460 : 20

7 Achtung! Nullen im Ergebnis. Jedes Ergebnis hat die Quersumme 11.

a) 246 030 : 30 b) 497 210 : 70 c) 293 400 : 90 d) 303 600 : 60

240 920 : 40 322 720 : 80 420 350 : 70 450 100 : 50

8 Dividiere a) durch 5 b) durch 50.

Rechne erst die Aufgaben, bei denen kein Rest bleibt.

125 354 600 2 750 30 030 60 500 203 250 555 555

9 a) 135,60 € : 20 b) 412,50 € : 50 c) 1 267,20 € : 90 d) 650 € : 40

436,20 € : 30 621,20 € : 40 1 030,40 € : 80 1 100 € : 80

5,61 € 6,78 € 8,25 € 12,88 € 13,75 € 14,08 € 14,54 € 15,53 € 16,25 €

④ Das Ergebnis kann auch so notiert werden: 3 375 : 40 = 84 + 15 : 40

1 Warum fliegen manche Vogelarten im Winter in den Süden?

2 Wohin ziehen die Zugvögel im Herbst?

3 Wie viele Zugvögel gibt es in Deutschland?

4 Warum finden die Vögel in der Sahara keine Nahrung?

5 Wie lang ist die Strecke über die Wüste, auf der sie keine Nahrung finden?

6 Die Schwalbe fliegt mehr als doppelt so weit wie der Weißstorch. Stimmt das?

Zugvögel

Vögel, die sich hauptsächlich von Insekten ernähren, finden im Winter in Deutschland keine Nahrung mehr. Diese Vögel ziehen im Herbst in den wärmeren Süden, hauptsächlich nach Afrika und in den Mittelmeerraum. Man nennt diese Vögel Zugvögel. Man schätzt die Anzahl der Zugvögel in Deutschland auf 2 Milliarden (2 000 000 000)!

Wenn die Flugroute der Vögel über die Wüste Sahara führt, finden sie über 2 500 km keine Nahrung. Deshalb benötigen sie für ihre Reise große Fettreserven, die sie sich vorher anfressen.

Zugvögel vollbringen fantastische Leistungen auf ihrem Zug. So fliegt der Weißstorch bis in den Süden Afrikas 10 000 km. Die Schwalbe aber hält den Streckenrekord mit 36 000 km pro Jahr.

7 Der Weißstorch fliegt etwa 200 km am Tag. Wie viele Tage braucht er bis zu seinem Ziel im Süden Afrikas?

8 Der Weißstorch fliegt 50 km in einer Stunde. Wie viele Flugstunden braucht er bis zu seinem Ziel im Süden Afrikas?

9 Kleinere Vögel fliegen höchstens 40 km in einer Stunde. Wie viele Flugstunden brauchen sie, um die Sahara zu überqueren?

10 Schwalben können 30 Jahre alt werden.

a) Wie viel Kilometer legen sie dann insgesamt bei ihrem Zug in den Süden zurück.

b) Einmal um die Erde sind es ungefähr 42 000 km. Wie oft hat eine sechsjährige Schwalbe schon die Erde umrundet?

c) Wie oft eine Schwalbe, die 30 Jahre alt ist?

1 Geschwindigkeiten werden in Kilometer pro Stunde (km/h) verglichen.

a)

15 km	15 000 m	____ m	50 m
1 h	60 min	1 min	____ s

Erinnere dich:
1 Stunde (h) = 60 Minuten (min)
1 Minute (min) = 60 Sekunden (s)

b) Zahlix stoppt Zahlines 50-m-Lauf. Sie läuft 10 Sekunden. Mit welcher Geschwindigkeit ist Zahline gelaufen?

50 m	____ m	____ m	____ km
10 s	1 min	60 min	1 h

2 Kurzstreckenrekorde

a)

Geparde sind über kurze Strecken die schnellsten Landtiere der Welt. Sie können eine Geschwindigkeit von 120 km/h erreichen. Wie viel Sekunden brauchen sie für 100 m?

b)

Die schnellsten Menschen laufen die 100-m-Strecke in ungefähr 10 Sekunden. Mit welcher Geschwindigkeit laufen sie?

3 Langstreckenläufer

a)

Im Ausdauerbereich gehören die Antilopen zu den schnellsten Landtieren. Sie laufen mit einer Geschwindigkeit von 90 km/h. Wie viel Sekunden brauchen sie für 1 000 m?

b)

Spitzensportler im Ausdauerbereich benötigen für 1 000 m ungefähr 2 min 30 s. Mit welcher Geschwindigkeit laufen sie?

4 Geschwindigkeitsrekorde

a)

Der Wanderfalke stürzt sich aus großer Höhe mit angelegten Flügeln auf seine Beute. In einer Sekunde legt er dabei 90 m zurück.

b)

Auf gerader Strecke fährt ein Rennwagen 360 km/h. Wie viel Meter sind das in einer Sekunde?

1

Das sind LIXLIX-Zahlen.	Das sind keine LIXLIX-Zahlen.
231 231, 705 705, 662 662, 282 282, 170 170	123 456, 83 830, 262 263, 471 174

LIXLIX-Zahlen
- wie du sie bildest
- wie du damit eine Zahl errätst.

a) Welche Zahlen sind LIXLIX-Zahlen?

269 269 47 770 701 107 361 361 505 550 303 303 987 876 888 888

b) Aus den Ziffern 3, 5 und 7 kannst du sechs LIXLIX-Zahlen bilden.
c) Wie viele LIXLIX-Zahlen kannst du aus zwei Einsen und einer Acht bilden?

2 a) Wähle eine ZAHL zwischen 100 und 500.
Multipliziere die ZAHL mit 91.
Multipliziere das Ergebnis mit 22.
Du erhältst eine LIXLIX-Zahl.

b) Diese LIXLIX-Zahlen sind die Ergebnisse.
Mit welchen ZAHLEN wurde gerechnet?

648 648 810 810 340 340 434 434 550 550 374 374

3 Spielt zu zweit. Einer wählt eine ZAHL und rechnet wie in Aufgabe 2.
Dann zeigt er das Ergebnis seiner Partnerin. Sie rät die ZAHL.

4 a) Wähle eine ZAHL zwischen 10 und 90.
Ihre Quersumme soll kleiner als 10 sein.
Multipliziere die ZAHL mit 143.
Multipliziere das Ergebnis mit 77.

b) Das sind die Ergebnisse.
Mit welchen ZAHLEN wurde gerechnet?
Prüfe nach.

253 253 594 594 781 781 462 462 220 220 484 484

c) Hier hat Zahline Ziffern im Ergebnis unleserlich gemacht. Findest du sie wieder?

3■■■■4 28■■■■ 1■■■7■ ■9■■■3 ■3■■■0 ■5■5■■

5 a) Wähle eine ZAHL zwischen 100 und 1 000.
Multipliziere die ZAHL mit 77.
Multipliziere das Ergebnis mit 13.

b) Erkläre, wieso Zahlines Behauptung stimmt.

□ $\xrightarrow{\cdot 77}$ ___ $\xrightarrow{\cdot 13}$ ___
(Bogen von □ zum Ergebnis: · ___)

1

Die Hüfte des **Stegosaurus** war ungefähr so groß wie ein Klassenraum. Er war 9 m lang und wog 1,8 t. Eine Rückenplatte war 76 cm hoch und 78,5 cm lang. Er lebte vor 110 Millionen Jahren.

Stegosaurus

Große Tiere werden verkleinert gezeichnet. Nur so passen sie auf eine Buchseite. Einige Dinosaurier waren Riesen.
In Wirklichkeit waren sie hundertmal größer als auf dem Bild.

1 cm im Bild sind
100 cm in Wirklichkeit.
Maßstab 1 : 100

Vergleiche die Länge des Stegosaurus im Bild und im Text.

2 Der **Ceratosaurus** und der **Iguanodon** sind im Maßstab 1 : 100 gezeichnet.
Miss und fertige für beide Dinosaurier einen Steckbrief an.

STECKBRIEF Ceratosaurus

	Bild	Wirklichkeit
Länge des Körpers		
Länge des Kopfes		
Länge des Schwanzes		
Höhe des Körpers		

Der Name **Iguanodon** bedeutet Leguanzahn. Er war 9 m lang.
Richtete er sich auf, so erreichte er die Höhe eines zweistöckigen Hauses.
Sein Gewicht betrug 4,5 t.
Er lebte vor 140 Millionen Jahren.

Iguanodon

3 Der **Tyrannosaurus** und der **Brachiosaurus** waren so riesig, dass sie nur im Maßstab 1 : 200 nebeneinander auf diese Buchseite passen. Miss und fertige für beide Dinosaurier einen Steckbrief an.

Der **Tyrannosaurus** war 12 m lang und 15,6 m hoch. Er war so schwer wie ein Elefant: 6,4 t.
Er lebte vor 70 Millionen Jahren.

Der **Brachiosaurus** war einer der mächtigsten Dinosaurier.
Seine Länge betrug 18 m.
Er wog 77 t. Der Brachiosaurus lebte vor 150 Millionen Jahren.
Vergleiche seine Größe mit einer Giraffe und einem Menschen.

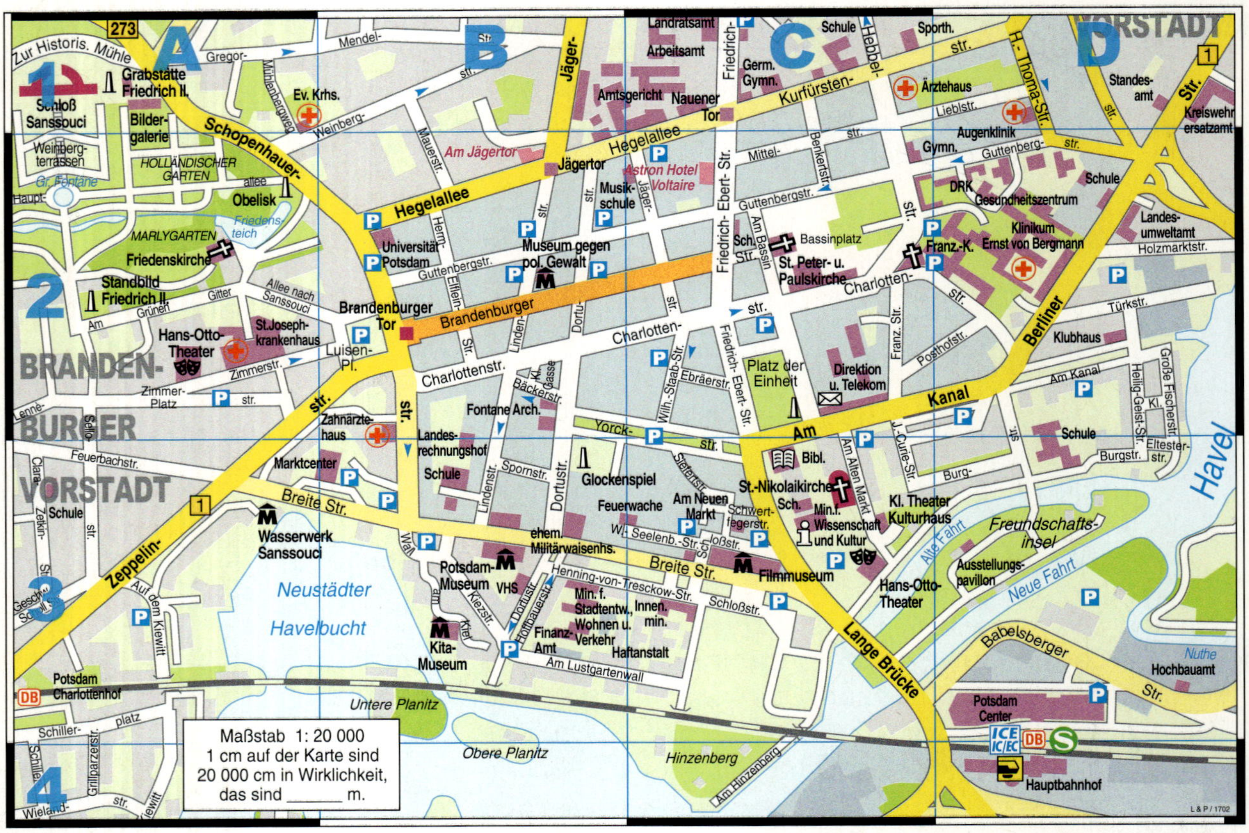

1 Was kannst du alles auf dem Stadtplan von Potsdam sehen? Erzähle.

2 Suche auf dem Kartenausschnitt die Bahnhöfe. Wie heißen sie?
a) In welchem Planquadrat liegen sie? Schreibe: Potsdam Hauptbahnhof D 4
b) An welchem Bahnhof befindet sich ein Parkplatz?

3 Suche die Straßen auf dem Kartenausschnitt. Schreibe die Planquadrate auf.

a) Kurfürstenstraße
b) Feuerbachstraße
c) Charlottenstraße
d) Breite Straße
e) Brandenburger Straße
f) Türkstraße
g) Mittelstraße
h) Hegelallee
i) Bäckerstraße

4 Suche die Gebäude und Plätze auf dem Kartenausschnitt. Schreibe die Planquadrate auf.

a) Luisenplatz
b) Freundschaftsinsel
c) Post
d) Nauener Tor
e) Kliniken Ernst von Bergmann
f) Platz der Einheit

5 a) Wie heißt der Fluss, der im Kartenausschnitt eingezeichnet ist?
b) Wie viele Kirchen findest du?
c) In welchem Planquadrat liegt Sanssouci?

6 Sophie, Anna und Sebastian wollen sich am Nachmittag am Bootsverleih (Freundschaftsinsel) treffen. Wie lang ist ihr Fußweg ungefähr? Miss und rechne.
Sophie: „Ich fahre mit der S-Bahn bis Hauptbahnhof. Von dort zu Fuß sind es noch ___ m."
Anna: „Ich wohne in der Posthofstraße."
Sebastian: „Ich wohne in der Seelenbinder-Straße nahe bei der Feuerwehr."

1 Das ist eine Karte von Berlin-Brandenburg. Die Karte ist in Planquadrate eingeteilt. Wittstock liegt im Planquadrat B 1. Wo liegen die Städte?

a) Brandenburg b) Cottbus c) die Landeshauptstadt
d) Rathenow e) dein Wohnort f) die Bundeshauptstadt

2 Welche Städte liegen in dem Quadrat A 3. Schau in einem Atlas nach.

3 Die Karte ist in einem sehr kleinen Maßstab gezeichnet. Wie weit sind die Städte entfernt? Miss die Luftlinie und berechne die Entfernung.

a) Cottbus – Potsdam b) Storkow – Rathenow
c) Prenzlau – Badingen d) Eisenhüttenstadt – Wittenberge
e) Wittstock – Werbellin f) Berlin – Senftenberg

Maßstab 1 : 2 000 000
1 cm auf der Karte sind
2 000 000 cm in der Wirklichkeit,
das sind 20 000 m,
das sind ______ km.

4 Miss und rechne: Wie weit ist es von deinem Wohnort bis

a) Kyritz b) Rheinsberg c) Frankfurt (Oder)

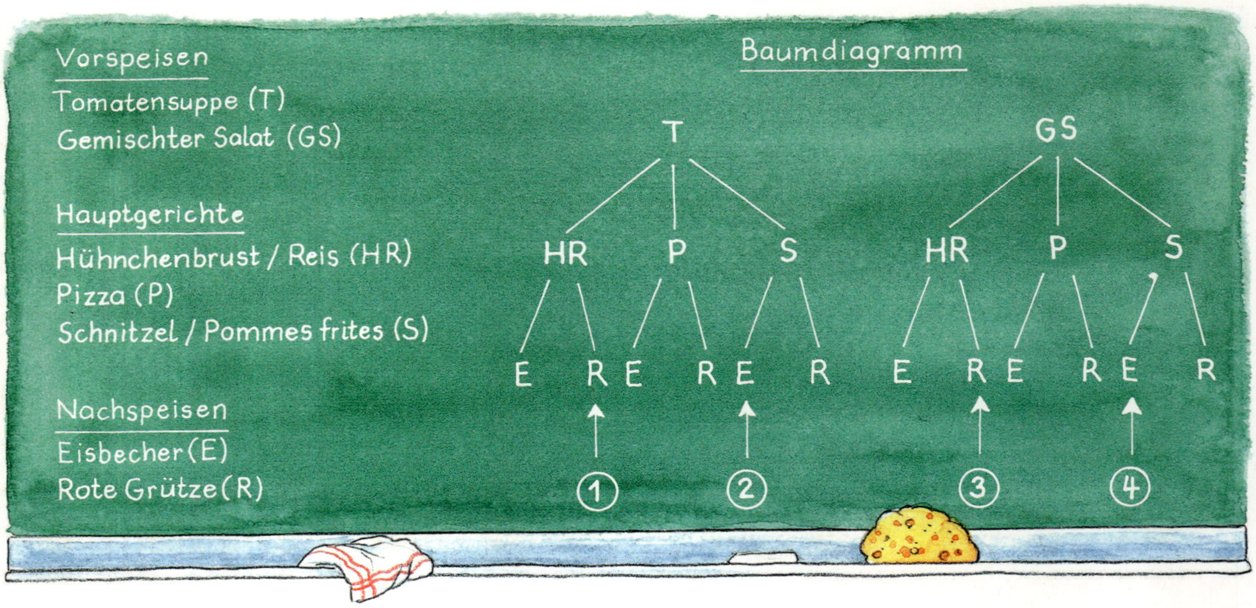

1 Die Kinder haben die Möglichkeiten, ein Menü aus einer Vorspeise, einem Hauptgericht und einer Nachspeise zusammen zu stellen, aufgeschrieben. Dazu haben sie ein Baumdiagramm gezeichnet.

a) Erkläre, was sie gezeichnet haben.

b) Schreibe zu den Pfeilen das Menü auf. Schreibe: ① T – HR – R

c) Wie viele Möglichkeiten gibt es? Findest du auch eine Multiplikations-Aufgabe dazu?

2 Lege das abgebildete Gebäude aus einem Dreieck, einem Quadrat und einem Rechteck. Du kannst drei verschiedene Dreiecke, zwei Quadrate und zwei Rechtecke benutzen.
Wie viele verschiedene Gebäude kannst du legen?
Zeichne ein Baumdiagramm mit allen Möglichkeiten.

3 Ein Haus aus einem Quadrat und einem Dreieck soll ausgemalt werden. Du hast vier verschiedene Farben. Das Quadrat und das Dreieck können auch gleichfarbig sein.
Wie viele Möglichkeiten gibt es? Zeichne ein Baumdiagramm.

4 a) Inga und Tom würfeln. Sie würfeln immer zweimal und schreiben die Augenzahlen auf.
Wie viele Möglichkeiten gibt es?
Zeichne ein Baumdiagramm dazu.

b) Jetzt würfeln sie dreimal nacheinander und notieren die Augenzahlen.
Wie viele Möglichkeiten gibt es jetzt?
Schreibe die Multiplikations-Aufgabe dazu.

c) Inga sagt: „⚀ und ⚁ ist ja das gleiche wie ⚁ und ⚀.“
Wie viele verschiedene Möglichkeiten gibt es dann in Aufgabe a)?

1 Zahlix will Zahline einen kleinen Strauß aus drei Rosen schenken.
Mit verbundenen Augen zieht er zuerst zwei Rosen nacheinander aus der Vase.
Welche Rosen kann er herausgezogen haben?

a) Im Baumdiagramm sind alle Möglichkeiten zwei Rosen aus der Vase zu nehmen eingetragen. Der rote Pfeil zeigt auf folgendes Ergebnis: Zahlix zieht erst eine rote Rose und dann noch einmal eine rote Rose.
Welche Ergebnisse zeigen die Pfeile A, B und C?

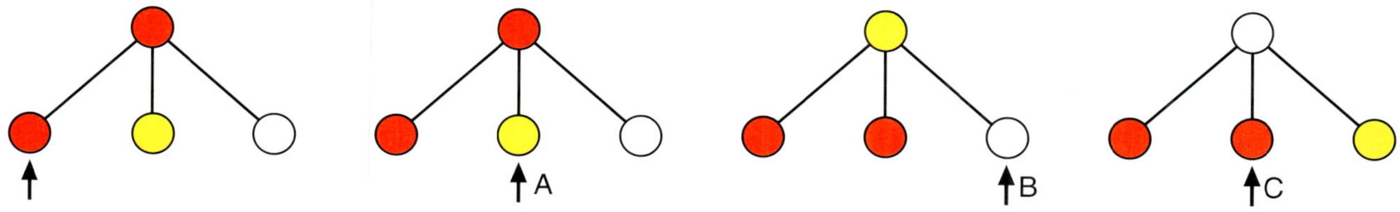

b) Zahlix nimmt noch die dritte Rose für seinen Strauß aus der Vase heraus.
Übertrage das Baumdiagramm in dein Heft und ergänze die möglichen Ergebnisse für die dritte Rose.
Vergleiche dein Diagramm mit den Zeichnungen von deinen Mitschülern.

2 Die Kinder haben fünf Möglichkeiten genannt, wie der Rosenstrauß aus drei Rosen aussehen kann.
Welche davon sind „sicher", „unmöglich" oder „möglich, aber nicht sicher"?

a) Tim: „Im Strauß ist eine rote Rose vorhanden."
b) Anna: „Jede Blume im Strauß hat eine andere Farbe."
c) Max: „Im Strauß ist keine gelbe Rose vorhanden."
d) Pia: „Im Strauß ist weder die Farbe weiß noch die Farbe gelb vorhanden."
e) Lisa: „Im Strauß sind zwei rote Rosen."

3 Das neue Auto „Tiger" gibt es mit

- 75 KW, 90 KW, 110 KW und 130 KW Motorleistung,
- in sechs verschiedenen Lackierungen
- in fünf verschiedenen Innenausstattungen
- mit Schaltgetriebe oder Automatik.

Ein Autohändler möchte in seinen Ausstellungsräumen von jeder möglichen Kombination ein Modell ausstellen.
Wie viele Autos müsste der Händler im Werk bestellen?

4 Tim, Robin, Adrian und Mareike begrüßen sich mit Händeschütteln.
Wie oft werden die Hände geschüttelt? Schreibe auf.

5 Nimm vier Ziffernkärtchen.
Wie viele dreistellige Zahlen kannst du damit legen?
Schreibe alle Zahlen auf. Wie viele Zahlen sind es?

1 Führt das Spiel in der Klasse durch. Ein Kind übernimmt die Aufgabe von Pia, das andere Kind die Aufgabe von Dirk. Wer gewinnt öfter, Pia oder Dirk?

2 Bildet Gruppen mit drei Kindern und würfelt in jeder Gruppe 100mal mit zwei Würfeln. Notiert die Augensummen in einer Strichliste.

a) Zeichnet ein Streifenbild zu den Ergebnissen aus eurer Strichliste.

b) Wie oft sind die einzelnen Augensummen in allen Gruppen aufgetreten? Addiert die einzelnen Ergebnisse und zeichnet dazu ein Streifenbild.

3 Max und Ria haben in der Tabelle notiert, wie sich die Augensummen ergeben. Übertrage die Tabelle in dein Heft und ergänze die fehlenden Werte.

a) Färbe die Felder mit den Ergebnissen 2 und 12 rot.

b) Färbe die Felder mit dem Ergebnis 7 blau.

c) Färbe die Felder mit den Ergebnissen 4 und 9 gelb.

Was fällt dir auf?

+	1	2	3	4	5	6
1	2	3				
2	3					
3	4					
4	5					
5	6					
6	7					

4 Stimmt das?

5 Vervollständige die angefangenen Sätze in deinem Heft.
Wenn man mit zwei Würfeln würfelt, ist …

a) … die Augensumme 7 ______ so wahrscheinlich wie die Augensumme 2.

b) … die Augensumme 9 genauso wahrscheinlich wie die Augensumme ____.

c) … die Augensumme 7 dreimal so wahrscheinlich wie die Augensumme ____ oder ____.

1

2 Stimmt das? Eine Tabelle oder ein Baumdiagramm kann dir helfen.
Wenn man mit zwei Würfeln würfelt, ist …

a) … bei mehr als der Hälfte der Versuche eine ungerade Zahl oben.

b) … bei mehr als der Hälfte der Versuche die Augensumme gerade.

c) … bei mehr als der Hälfte der Versuche die Augensumme kleiner als 8.

3 In welchen Beutel greifst du, um wahrscheinlich zu gewinnen? Entscheide und begründe.

a)

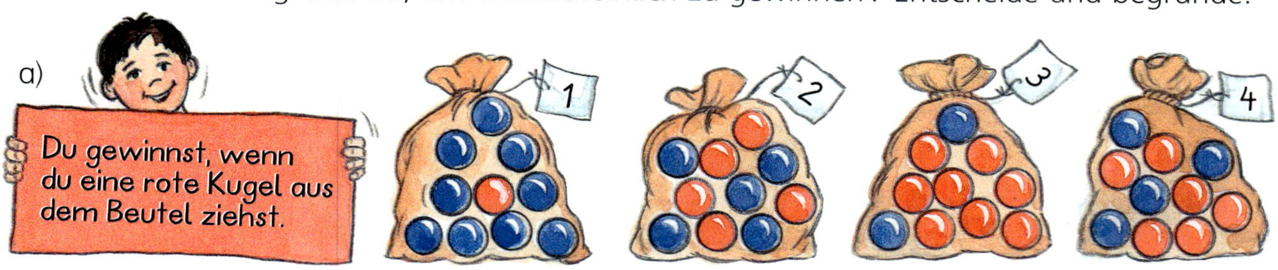

b)

4 Plättchen werfen auf ein großes Quadrat.
Wenn das Plättchen auf ein blaues Feld fällt, hast du gewonnen.
Welches Quadrat wählst du?

A B C D E F

5 Fülle ein Säckchen mit den Zahlen von 1 bis 100.
Zahlen aus der Vierer-Reihe gewinnen. Ziehe 4 Lose. Was vermutest du?
Tragt eure Ergebnisse zusammen.

1 So sah Magdeburg um 1850 aus. Wie viele Jahre ist das her? Was ist heute wohl alles anders? Wie war es bei euch früher?

2 Damals war Magdeburg eine kleine Stadt. Als sich die Industrie und das Handwerk stärker entwickelten, kamen immer mehr Menschen in die Stadt.

a) Runde die Einwohnerzahlen auf Vielfache von 1 000.

b) Zeichne ein Streifenbild.
(Ein Kästchen für 10 000 Einwohner)

Jahr	1812	1840	1864	1885	1890	1900
Einwohner	36 902	67 846	106 689	114 291	202 234	229 667

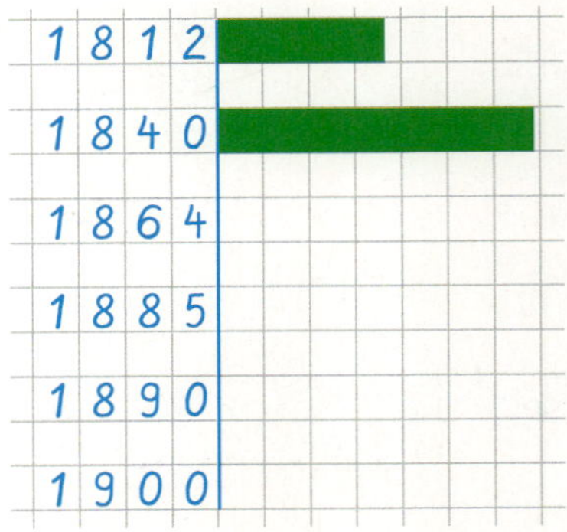

3 a) Sandra meint: „Die Einwohnerzahl ist von 1840 bis 1900 ungefähr um das Dreifache gestiegen." Stimmt das?

b) Vergleiche ebenso die Einwohnerzahlen
von 1812 und 1864 von 1864 und 1890 von 1885 und 1900

4 Von 1800 bis 1900 hat sich in Magdeburg viel verändert.

a) Lies zu jedem Ereignis die Jahreszahl ab. Wie viele Jahre sind bis heute vergangen?

b) Warum waren die Ereignisse wohl für die Menschen in Magdeburg von Bedeutung?

1840
Eröffnung der Eisenbahnlinie Magdeburg – Halle – Leipzig

1874
Eröffnung des Hauptbahnhofes

1886
Erfindung des künstlichen Zuckers Saccarin (Süßstoff)

1908
1. Flugversuch mit Motorflugzeug durch Hans Grade

5 Hier sind Streifen für die Einwohnerzahlen seit 1900 gezeichnet, für 50 000 Einwohner 1 Zentimeter. Miss und schreibe auf, wie viele Einwohner es ungefähr waren.

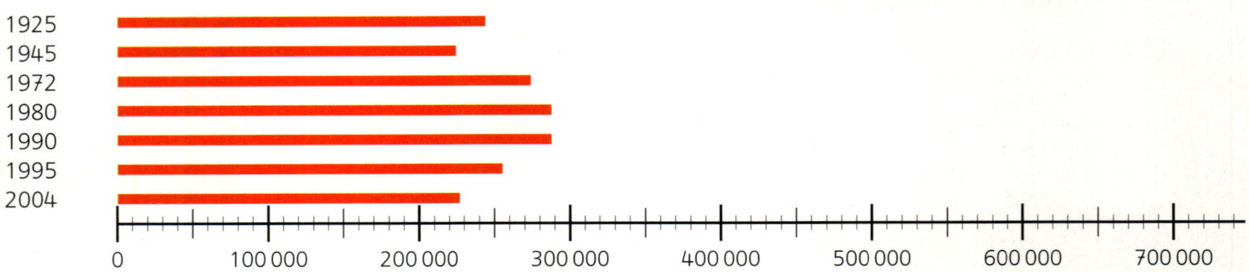

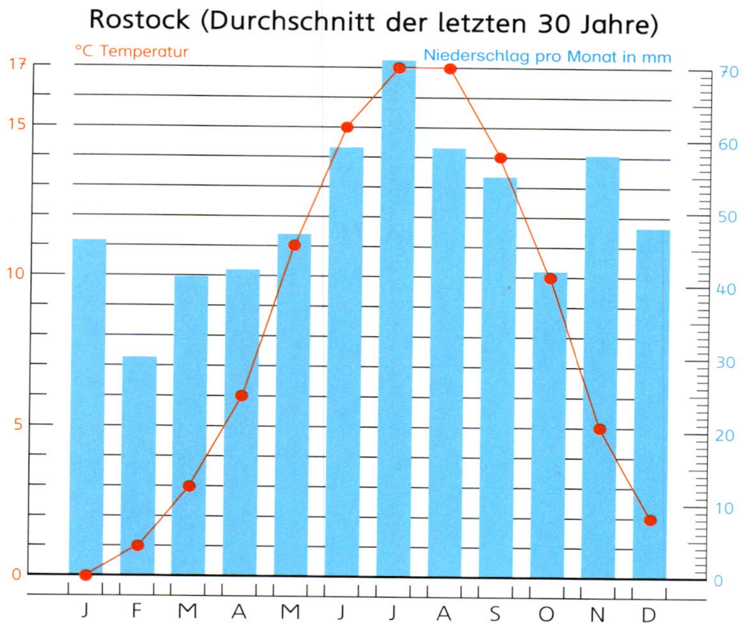

Rostock

Monat	[mm]	[°C]
Jan.	46	0
Febr.		
März		
April		
Mai		
Juni		
Juli		
Aug.		
Sept.		
Okt.		
Nov.		
Dez.		

1 Suche Rostock auf einer Deutschlandkarte.

2 Wie weit ist Rostock entfernt von der angegebenen Stadt?
a) Berlin b) Bremen c) Potsdam d) Schwerin

3 Erkläre die graphische Darstellung zu den Temperaturen und den Niederschlägen in Rostock. Lies die Werte ab und schreibe sie in eine Tabelle.

4 Die Tabelle zeigt die Klimawerte von Magdeburg.

	J	F	M	A	M	J	J	A	S	O	N	D
mm	44	40	51	52	61	70	63	65	48	51	59	54
°C	0,7	1,8	5,2	9,2	13	13,7	18,9	18,3	14,8	9,8	4,7	1,8

a) Runde die Angaben: Temperaturen auf ganze °C, Niederschläge auf 10 mm.
b) Zeichne das dazugehörende Klimadiagramm in dein Heft. Für 1 °C und 10 mm Niederschlag zeichnest du jeweils 1 cm. Die Säulen und die Abstände zwischen den Säulen werden 1 Kästchen breit.

5 Die Niederschlagsmengen pro Jahr unterscheiden sich in Deutschland stark. Ordne die Werte der ausgewählten Orte nach der Größe. Ergänze die Werte von Rostock und Magdeburg. Runde die Werte auf 10 mm.
Zeichne sie dann in ein Säulendiagramm.
Beginne mit dem niedrigsten Wert.

a)

Ort	Niederschlag/Jahr	Ort	Niederschlag/Jahr
Hamburg	770 mm	Berlin	584 mm
München	804 mm	Wiesbaden	634 mm
Dresden	696 mm	Kiel	750 mm
Rostock		Magdeburg	

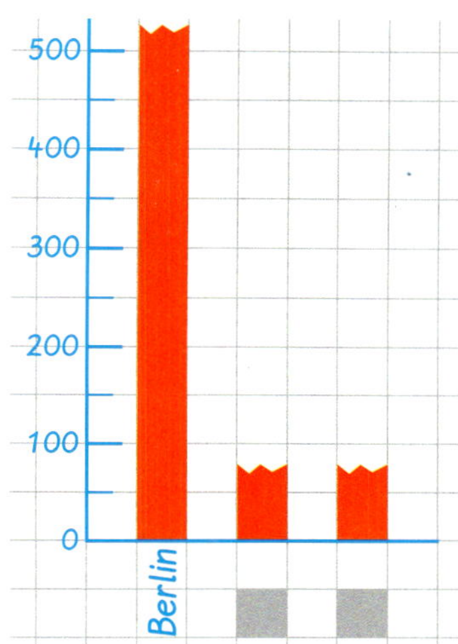

Vera, Tim und Lea haben mehrere Kaninchen und mehrere Kaninchenställe.

a) Wenn Vera in jeden Stall ein Kaninchen setzt, bleibt ein Kaninchen übrig. Setzt sie in jeden Stall zwei Kaninchen, bleibt ein Stall leer.

b) Wenn Tim in jeden Stall ein Kaninchen setzt, bleiben drei Kaninchen übrig. Setzt er in jeden Stall zwei Kaninchen, bleiben zwei Ställe leer.

c) Wenn Lea in jeden Stall zwei Kaninchen setzt, bleibt ein Kaninchen übrig. Setzt sie in jeden Stall drei Kaninchen, bleibt ein Stall leer.

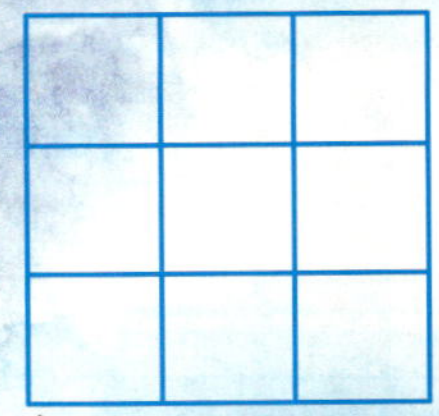

Wie viele Quadrate siehst du?

Wie viele Dreiecke?

Gleiches Zeichen – gleiche Ziffer.

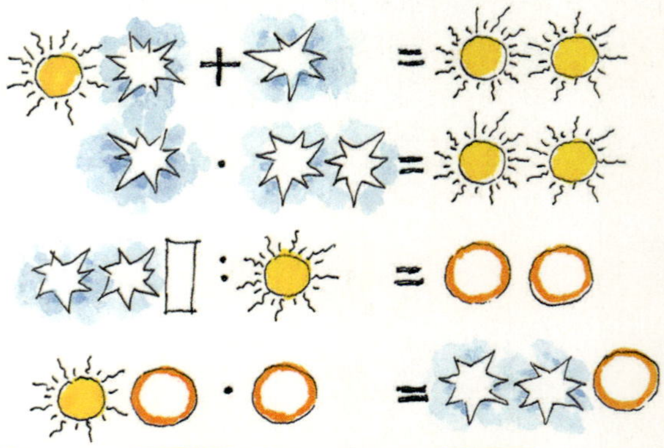

Mark und Tom stehen in einer Schlange an der Hüpfburg. Mark steht an 11. Stelle und Tom an 17. Stelle.
Hinter Tom stehen doppelt so viele Kinder wie zwischen Mark und Tom.
Wie viele Kinder stehen in der Schlange?

Ein alter Mann geht nach Potsdam.
Auf dem Weg kommen ihm 3 Frauen entgegen. Jede Frau trägt 3 Körbe.
In jedem Korb sind 3 Katzen und jede Katze hat 3 Junge.
Wie viele Beine gehen nach Potsdam?

Wie viele Steine fehlen zur vollständigen Mauer?

Im Januar kann es vier oder fünf Sonntage geben. Zahlix sagt: „In diesem Jahr gab es im Januar vier Sonntage und auch vier Mittwoche."
Zahline: „Dann kann ich dir sagen, auf welchen Wochentag der Neujahrstag fiel."

Tina hat die Nummer von ihrem Fahrradschloss vergessen. Sie weiß noch, dass die Zahlen ihres Geburtstages vorkamen. Das ist der 15. 6. Außerdem erinnert sie sich noch an ihre Glückszahl, die 9. Nun muss sie alle Möglichkeiten ausprobieren.

Welcher Song steht in den Top Ten auf welchem Platz?

Sachrechnen

Die Klasse 4a geht ins Schwimmbad. Zwei Kinder können nicht mit. Ohne die beiden sind es 17 Schwimmer und 11 Nichtschwimmer. Außer der Lehrerin fahren noch 4 Mütter mit. Der Eintritt für Kinder kostet 2,00 €, für Erwachsene 4 €. Um 10.30 Uhr fahren sie los, nach 4 Stunden und 30 Minuten sind sie zurück.

Welche Fragen kannst du beantworten? Rechne.

a) Wie viele Kinder fahren mit?
b) Wie viele Kinder in der Klasse sind Schwimmer?
c) Wie viele Personen sind insgesamt mitgefahren?
d) Wann haben sie eine Mittagpause gemacht?
e) Wie teuer war der Eintritt für alle?
f) Wann sind sie zurückgekommen?

Zahlenraum

Zahlen vergleichen

1 a) 15 212 ◯ 827 — 21 793 ◯ 792 — 141 621 ◯ 241 601

b) 8 625 ◯ 9 000 — 101 101 ◯ 100 000 — 814 ◯ 814

Zahlen ordnen

1 Beginne mit der kleinsten Zahl.

880 707 — 808 770 — 887 178
808 707 — 878 878 — 880 907

Vorgänger und Nachfolger

1

V	Zahl	N
237 183	237 184	237 185
38 299		
		111 711

Zahlenfolgen

1 Zähle immer fünf Schritte weiter.

a) 12 543, 12 544, ___, ___, ___, ___, ___
b) 131 672, 131 676, ___, ___, ___, ___, ___
c) 201 914, 201 909, ___, ___, ___, ___, ___

Schriftliche Rechenverfahren

Begriffe

Summand + Summand = Summe: $147 + 396 = 543$ (147 + 396: Summe; 543: Summe)

Minuend − Subtrahend = Differenz: $853 - 696 = 157$ (853 − 696: Differenz; 157: Differenz)

Faktor · Faktor = Produkt: $7 \cdot 56 = 392$ (7 · 56: Produkt; 392: Produkt)

Dividend : Divisor = Quotient: $42 : 6 = 7$ (42 : 6: Quotient; 7: Quotient)

Rechenverfahren

1 a)
```
  1284
+ 7052
   1
------
  8336
```
b)
```
  12458
+  9373
-------
```

2 a)
```
  4873
- 1495
------
  3378
```
b)
```
  44607
- 19791
-------
```

3 a)
```
123 · 14
--------
   123
    492
--------
   1722
```
b) 237 · 39

c) 476 · 114

4 a)
```
1248 : 3 = 416
12
--
 04
  3
 --
  18
  18
  --
   0
```
b) 6 025 : 5

c) 14 352 : 6

d) 38 353 : 7

Größen

Längen
1 cm = 10 mm
1 m = 100 cm
1 km = 1000 m

1 Schreibe in Zentimeter.
a) 3 m 64 cm
6 m 5 cm
b) 1 m 50 cm
9 m 5 cm

2 Wie viel Meter sind es?
1 km $\frac{1}{2}$ km $\frac{1}{4}$ km

Masse
1 kg = 1000 g
1 t = 1000 kg

1 Ergänze zu 1 t.
a) 800 kg b) 609 kg c) 80 kg
250 kg 10 kg 701 kg

2 Wie viel Gramm sind es?
$\frac{1}{2}$ kg $\frac{1}{4}$ kg 1 Pfund

Zeit
1 min = 60 s
1 h = 60 min
1 Tag = 24 h

1 Wie viel Minuten sind es?
420 s 600 s 75 s 90 s

2 Wie lange dauert es?
a) 14.10 Uhr bis 17.20 Uhr
b) 16.15 Uhr bis 19.45 Uhr

3 Wandle in Minuten um:
$\frac{1}{2}$ h $\frac{1}{4}$ h $\frac{3}{4}$ h

Flächen

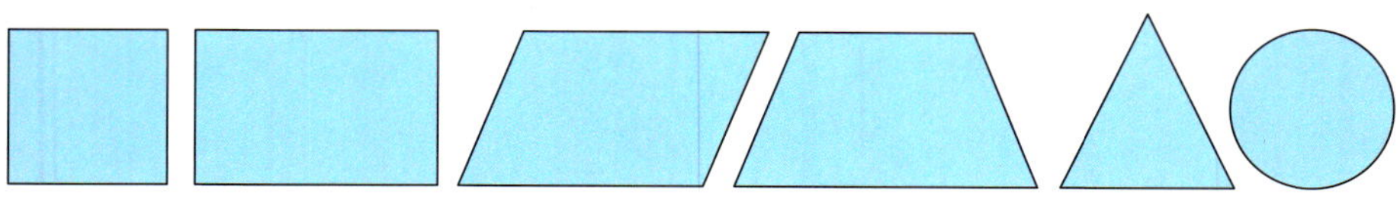

Quadrat Rechteck Parallelogramm Trapez Dreieck Kreis

Körper

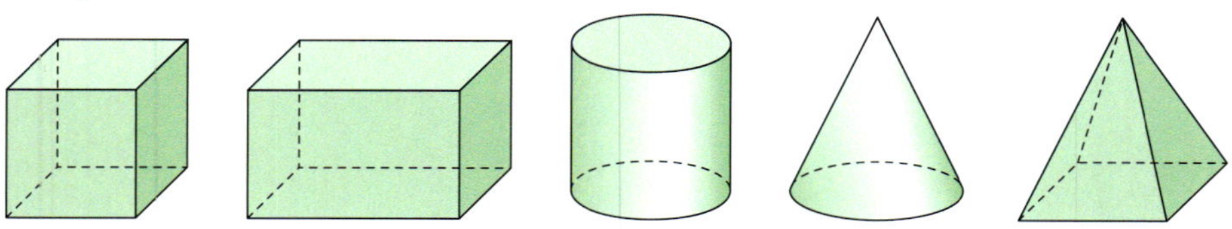

Würfel Quader Zylinder Kegel Pyramide

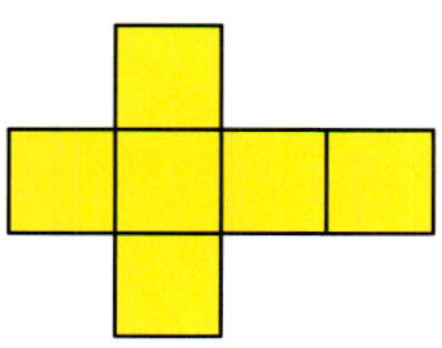

Würfelnetz

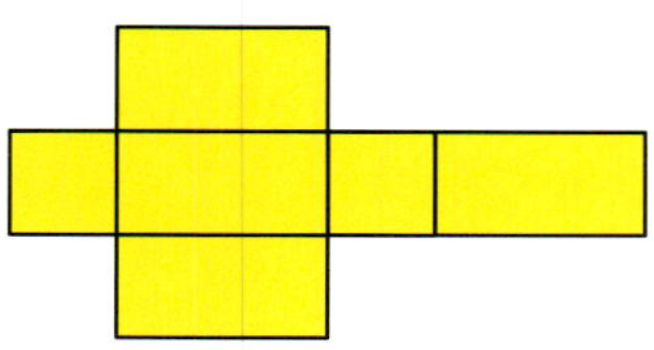

Quadernetz

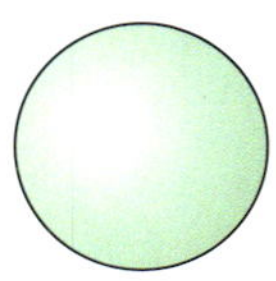

Kugel

Geraden

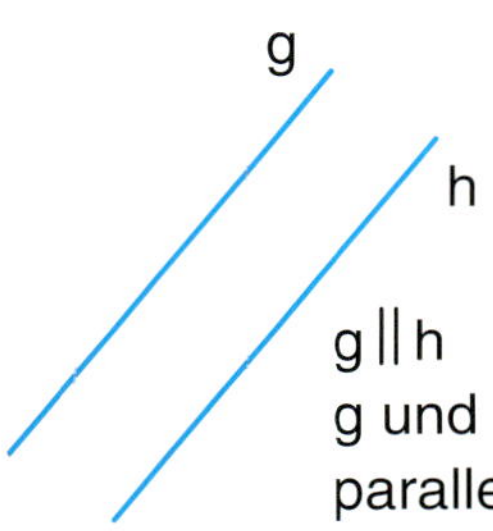

g || h
g und h sind
parallel zueinander.

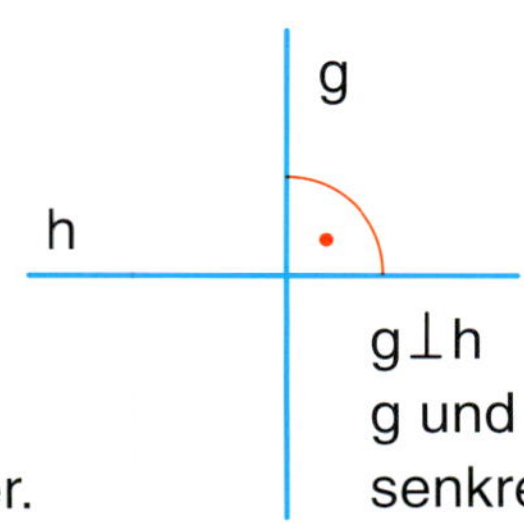

g ⊥ h
g und h sind
senkrecht zueinander.

Rechter Winkel

Rechenregeln
Summanden darf man vertauschen:
5 + 7 = 7 + 5

Faktoren darf man vertauschen:
5 · 7 = 7 · 5

Punktrechnung geht vor Strichrechnung:
36 + 6 · 7 = 78
29 – 48 : 6 = 21

Was in Klammern steht, wird immer zuerst ausgerechnet.
(37 + 3) · 4 = 40 · 4
= 160
(96 – 16) : 4 = 80 : 4
= 20

1 zu Seite 16

a)	b)	c)	d)	e)	f)
356 : 70	426 : 60	340 : 80	520 : 80	256 : 30	300 : 40
278 : 90	640 : 70	560 : 60	700 : 90	364 : 40	320 : 60
726 : 80	256 : 50	300 : 70	650 : 70	296 : 70	420 : 50

2 a) 235 | 427 | 312 : 4 | 7 | 9

b) 366 | 545 | 483 : 6 | 8 | 9

3 a) Timo kauft fünf Päckchen Sammelbilder zu je 85 Cent.

zu Seite 17

b) Inga kauft vier Tierbücher zu je 1,60 €.

4 a) 56 ct | 93 ct · 4 | 6 | 8

b) 1,60 € | 2,40 € · 2 | 3 | 5

5

a)	b)	c)	d)
6,60 € : 6	4,84 € : 4	3,43 € : 7	6,40 € : 4
3,24 € : 6	2,56 € : 8	5,40 € : 3	9,60 € : 8
4,25 € : 5	3,69 € : 9	5,25 € : 5	7,49 € : 7

6 a) Sechs Päckchen Sammelbilder kosten 5,10 €. Wie teuer ist ein Päckchen?

b) Drei Schreibblöcke kosten 3,75 €. Wie teuer ist ein Block?

7 Schreibe die Zahl auf.

zu Seite 22

a)	b)	c)	d)
1 000 + 700 + 70 + 7	1 000 + 50 + 9	1 000 + 600 + 9	2 000 + 700
1 000 + 900 + 90 + 9	1 000 + 100 + 90	1 000 + 400 + 3	2 000 + 70
1 000 + 300 + 30 + 3	1 000 + 70 + 7	1 000 + 900 + 80	2 000 + 7
1 000 + 400 + 90 + 1	1 000 + 600 + 8	1 000 + 700 + 4	2 000 + 600

8 Denke an die Blumen-Aufgabe.

zu Seite 23

a) 

b)	c)	d)	e)
660 + 500	830 + 400	710 + 500	760 + 400
664 + 500	831 + 400	711 + 500	768 + 400
669 + 500	839 + 400	719 + 500	761 + 400

f)	g)	h)	i)
540 + 700	790 + 500	360 + 800	700 + 560
540 + 710	790 + 520	360 + 840	700 + 565
547 + 700	790 + 570	365 + 840	700 + 569

9 a) 

b)	c)	d)	e)
1 500 – 700	1 300 – 900	1 540 – 600	1 170 – 400
1 510 – 700	1 370 – 900	1 548 – 600	1 171 – 400
1 570 – 700	1 310 – 900	1 541 – 600	1 179 – 400

f)	g)	h)	i)
1 680 – 800	1 420 – 500	1 260 – 300	1 710 – 900
1 684 – 800	1 427 – 500	1 269 – 300	1 717 – 900
1 685 – 800	1 421 – 500	1 261 – 300	1 711 – 900

10 a) 740 | 450 | 1 070 + 470 | 280 | 160

b) 670 | 1 180 | 840 + 440 | 380 | 560

11 a) 1 480 | 1 150 | 1 070 – 640 | 710 | 830

b) 1 300 | 1 360 | 1 470 – 410 | 550 | 740

1 Wie heißen die Zahlen? Trage in eine Stellentafel ein.

zu Seite 29

HT	ZT	T	H	Z	E

a) 6 T 5 H 3 Z 6 E
4 T 3 H 8 Z 5 E
9 T 8 H 2 Z 7 E

b) 3 T 5 Z 6 E
5 T 8 Z 2 E
8 T 2 Z 9 E

c) 4 T 7 E
6 T 3 E
9 T 9 E

d) 5 T 3 E
2 T 8 E
4 T 2 E

e) 1 HT 2 ZT 5 T 3 H 7 Z 4 E
7 HT 6 ZT 7 T 8 H 2 Z 1 E
9 HT 3 ZT 8 T 2 H 4 Z 7 E

f) 4 ZT 2 H 5 E
7 ZT 6 H 2 E
6 ZT 5 H 9 E

g) 5 ZT 4 Z
8 ZT 9 Z
9 ZT 6 Z

2 Wie heißen die Zahlen?

a) 4 000 + 20 + 5
7 000 + 80 + 7
6 000 + 10 + 9

b) 10 000 + 3 000 + 400 + 8
100 000 + 5 000 + 200 + 1
60 000 + 500 + 3

c) 70 000 + 400 + 30 + 3
90 000 + 6 000 + 60 + 1
80 000 + 1 000 + 10 + 8

3

a) 10 000 + 1 000 + 100 + 10 + 3
40 000 + 8 000 + 200 + 60 + 7
90 000 + 9 000 + 600 + 90 + 8

b) 30 000 + 6 000 + 600 + 1
60 000 + 3 000 + 400 + 9
80 000 + 7 000 + 900 + 3

c) 20 000 + 3 000 + 80
50 000 + 4 000 + 7
90 000 + 9 000 + 9

4 Bei welchen Zahlen stehen die Ballons? Wie heißen die Nachbartausender?

zu Seite 33

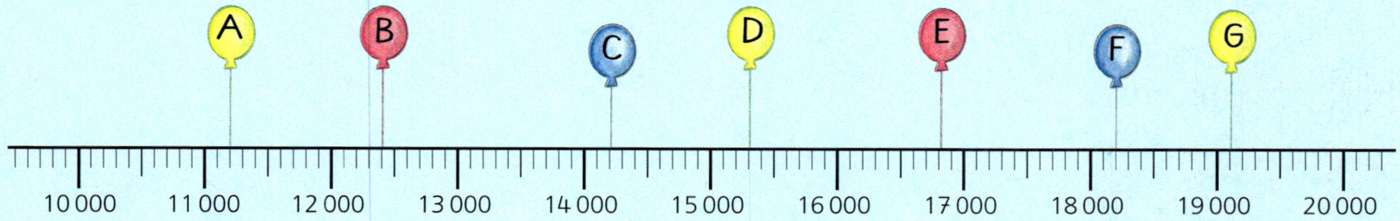

5 Ergänze zu den benachbarten Tausendern.

a) 4 200
3 700

b) 6 800
8 600

c) 4 900
7 400

d) 1 300
9 600

e) 5 800
9 700

f) 8 100
9 500

6 Wähle zwei Zahlen aus und vergleiche.

a) <
12 222 20 827
18 222 20 222
13 022 13 202

b) <
5 335 3 553
3 535 5 553
5 353 3 553

c) <
8 978 9 879
8 998 9 898
9 987 8 778

7 Setze ein: <, >.

a) 3 058 ◯ 3 508
2 341 ◯ 2 134
6 006 ◯ 6 060

b) 14 084 ◯ 14 048
19 999 ◯ 20 000
13 099 ◯ 14 000

c) 10 999 ◯ 19 099
11 234 ◯ 11 345
19 999 ◯ 19 998

8 Welche Zahlen sind es?

a) Sie liegt genau in der Mitte zwischen 12 000 und 17 000.

b) Sie ist um 1 000 kleiner als 10 546.

c) Sie ist um 2 500 größer als 19 700.

d) Sie liegt genau in der Mitte zwischen 19 000 und 22 000.

1 Wähle zwei Zahlen aus und vergleiche.

zu Seite 36

a) <

17 000 107 000 175 000 47 000 71 000 170 000 100 700 74 000

b) >

260 000 620 000 62 000 602 000 206 000 625 000 26 000 63 000

c) >

300 001 301 000 31 000 310 000 300 100 320 000 330 000 300 010

2 Kleiner oder größer? Setze ein: <, >.

a)			b)			c)		
105 000	◯	150 000	100 500	◯	105 000	120 200	◯	120 002
180 000	◯	108 000	160 050	◯	160 005	104 000	◯	140 000
174 000	◯	147 000	100 001	◯	100 100	177 777	◯	107 777

3 Schreibe die Zahlen in Ziffern.

a) fünfhunderttausend
neunhunderttausend
einhunderttausend

b) einhundertzwanzigtausend
sechshundertvierzigtausend
vierhundertsiebzigtausend

c) dreihunderttausendzehn
achthunderttausendzwanzig
einhunderttausenddreißig

4 Schreibe zu jeder Zahl den Vorgänger und den Nachfolger auf.

a)	b)	c)	d)	e)
110 000	310 000	400 000	379 000	244 000
70 000	301 000	401 000	397 000	999 999
220 000	300 100	400 010	390 700	681 500

5 Wie heißen die Nachbartausender? Schreibe wie im Beispiel.

zu Seite 37

a)	b)	c)	d)
73 600	124 400	246 400	271 300
94 200	346 900	862 200	395 100
36 500	731 300	914 600	403 700

168 200 + 800 = 169 000
168 200 − 200 = 168 000

6 Schreibe die Nachbarzehntausender und die Nachbarhunderttausender auf.

a)	b)	c)	d)	e)
271 371	124 371	305 748	643 117	244 373
446 644	675 114	810 710	975 607	561 217

7

a) Meine Zahl liegt genau zwischen 100 000 und 200 000.

b) Meine Zahl ist um 1 kleiner als 200 000.

c) Meine Zahl kommt direkt nach 160 000.

d) Meine Zahl ist um 1 000 kleiner als 130 000.

8 Runde die Zahlen auf Tausender und auf Zehntausender.

zu Seite 39

a)	b)	c)	d)
52 646	70 979	230 597	107 497
38 079	84 351	547 140	948 948
70 913	65 080	773 616	375 197
85 873	24 979	614 174	449 070

9 Runde auf Hunderttausender.

a)	b)	c)	d)	e)
342 119	623 948	196 371	348 109	571 678
640 179	781 304	249 998	291 713	816 719

10 Die Zahlen sind auf Tausender gerundet. Welche Zahlen können es gewesen sein? Schreibe immer drei Beispiele dazu.

a) 42 000   b) 95 000   c) 165 000   d) 273 000   e) 432 000

1 zu Seite 51

a) 2 400 + 300
5 100 + 400
8 200 + 600

b) 4 800 + 400
5 500 + 600
8 900 + 300

c) 7 900 + 1 500
2 700 + 3 300
5 800 + 2 600

d) 4 660 + 4 800
7 380 + 1 900
3 506 + 2 700

2

a) 35 000 + 20 000
48 000 + 30 000
76 000 + 20 000

b) 33 000 + 50 000
78 000 + 20 000
54 000 + 40 000

c) 44 000 + 40 000
57 000 + 30 000
39 000 + 60 000

d) 23 906 + 50 000
37 035 + 40 000
51 648 + 20 000

3

a) 228 000 + 50000
435 000 + 35000
850 000 + 27000
370 000 + 19000

b) 645 000 + 28 000
124 000 + 31 000
356 000 + 36 000
123 000 + 59 000

c) 928 000 + 12 000
744 000 + 76 000
356 000 + 84 000
278 000 + 71 000

4

a) 308 000 + 209 000
446 200 + 105 000
378 914 + 204 000

b) 640 000 + 230 000
180 000 + 470 000
790 410 + 230 000

c) 597 100 + 203 000
894 027 + 106 000
389 248 + 111 000

5 Ergänze auf 1 000 000.

a) 950 000
820 000
740 000

b) 770 000
450 000
640 000

c) 185 000
883 000
775 000

d) 956 000
142 000
384 000

e) 107 000
107 100
107 150

6 Schreibe immer fünf Additions-Aufgaben auf.

a) 200 000

b) 550 000

c) 780 000

d) 950 000

7 zu Seite 52 Du erhältst besondere Ergebnisse.

a) 2 476 + 4 313

b) 3 204 + 2 474

c) 2 405 + 5 249

d) 3 875 + 2 668

e) 3 908 + 659

f) 2 593 + 4 196

8

a) 48 643 + 94 365

b) 59 516 + 83 086

c) 87 628 + 94 746

d) 263 668 + 384 986

e) 407 652 + 396 147

9

a) 436 148 + 126 248 + 28 340
306 279 + 187 443 + 269 690
229 987 + 34 668 + 529 008

b) 159 344 + 209 638 + 462 813
308 873 + 46 836 + 169 874
276 987 + 267 053 + 46 789

10

a) Addiere zu 799 976 das Doppelte von 324.

b) Addiere zu 829 592 die Hälfte von 816.

c) Dividiere 693 durch 7. Addiere zum Ergebnis 300 701.

d) Addiere zu 307 610 das Doppelte von 195.

1 zu Seite 55

a) 8 900 − 600
9 700 − 500
4 600 − 400

b) 7 200 − 500
6 300 − 800
3 500 − 700

c) 9 300 − 1 800
4 100 − 3 900
7 500 − 4 700

d) 7 200 − 5 600
9 500 − 7 800
5 300 − 3 700

2

a) 73 000 − 20 000
46 000 − 10 000
84 000 − 50 000

b) 93 000 − 30 000
87 000 − 70 000
78 000 − 70 000

c) 38 000 − 10 000
52 000 − 30 000
69 000 − 20 000

d) 98 606 − 80 000
41 368 − 20 000
72 459 − 60 000

3

a) 490 000 − 60 000
275 000 − 40 000
781 000 − 80 000
972 000 − 60 000

b) 645 000 − 21 000
897 000 − 34 000
379 000 − 18 000
456 000 − 41 000

c) 287 000 − 32 000
900 000 − 45 000
700 000 − 71 000
854 000 − 34 000

4

a) 417 000 − 208 000
636 700 − 407 000
793 867 − 306 000

b) 870 000 − 350 000
910 300 − 270 000
570 625 − 330 000

c) 897 200 − 306 000
413 406 − 310 000
776 317 − 560 000

5

a) 57 403 − 7
98 604 − 9
20 004 − 6
90 006 − 7

b) 23 810 − 40
57 423 − 30
40 027 − 30
60 014 − 70

c) 99 104 − 500
18 206 − 300
26 074 − 600
24 320 − 400

d) 78 309 − 400
193 748 − 800
413 620 − 700
746 510 − 900

6 Schreibe immer fünf Subtraktions-Aufgaben auf.

a) 210 000

b) 180 000

c) 175 000

d) 340 000

7 zu Seite 56 Jedes Ergebnis hat die Quersumme 18.

a) 7 248
− 4 395

b) 8 469
− 4 527

c) 6 003
− 2 394

d) 9 131
− 3 857

e) 48 210
− 41 856

f) 18 602
− 15 668

8

a) 213 648
− 164 428

b) 648 312
− 461 841

c) 529 368
− 410 872

d) 877 461
− 293 572

e) 922 464
− 378 975

9 Schreibe untereinander, dann rechne schriftlich.

a) 846 931 − 460 926
438 812 − 241 269
921 617 − 346 621

b) 907 302 − 486 930
813 291 − 641 693
640 936 − 242 296

c) 721 385 − 507 238
674 107 − 83 125
270 219 − 1 946

10

a) Subtrahiere von 317 856 die Hälfte von 1 024.

b) Dividiere 504 durch 6. Subtrahiere das Ergebnis von 214 384.

c) Multipliziere 97 und 5. Subtrahiere das Ergebnis von 947 007.

d) Subtrahiere von 873 149 das Doppelte von 1 507.

1 Schreibe mit Komma.

zu Seite 58

a)	b)	c)	d)
1 350 m	3 km 125 m	500 m	1 275 m
1 035 m	3 km 70 m	750 m	725 m
1 300 m	3 km 7 m	100 m	9 300 m

1 km = 1000 m
1 m = 100 cm
1 cm = 10 mm

2

a)	b)	c)	d)
2 km – 750 m	1,8 km – 750 m	12 km – 3 500 m	3,6 km + 500 m
6 km – 125 m	3,6 km – 900 m	9 km – 2 750 m	7,5 km + 850 m

3

zu Seite 63

a)	b)	c)	d)	e)
5 · 7 000	8 · 8 000	8 · 6 000	7 · 2 000	6 · 7 000
6 · 4 000	5 · 9 000	4 · 2 000	8 · 9 000	4 · 9 000
7 · 9 000	2 · 8 000	9 · 3000	2 · 5 000	8 · 4 000

8 000 9 000 10 000 14 000 16 000 24 000 27 000 32 000 35 000 36 000
42 000 45 000 48 000 63 000 64 000 72 000

4

a)	b)	c)	d)	e)
4 · 600	7 · 700	7 · 500	6 · 900	4 · 700
5 · 300	4 · 800	3 · 900	7 · 800	9 · 800
6 · 800	9 · 700	8 · 200	9 · 400	6 · 600

1 500 1 600 2 400 2 700 2800 3 200 3 500 3 600
3 600 4 200 4 800 4 900 5 400 5 600 6 300 7200

5

zu Seite 64

a) Immer das Zehnfache: 70 85 100 170 280 370
b) Immer das Hundertfache: 45 87 93 100 180 250

6

a) 40 | 60 · 30 | 50 | 60

b) 30 | 70 · 90 | 50 | 80

7 Die drei Ergebnisse in einem Päckchen ergeben zusammen 100 000.

a)	b)	c)	d)	e)
50 · 800	80 · 500	80 · 400	90 · 900	20 · 400
90 · 200	60 · 400	60 · 900	20 · 200	80 · 800
70 · 600	40 · 900	70 · 200	50 · 300	70 · 400

8 Rechne ohne Stellentafel.

zu Seite 70

a)	b)	c)	d)	e)
342 · 2	4 122 · 4	5 243 · 2	13 213 · 3	15 234 · 5
512 · 4	6 111 · 6	6 321 · 3	21 202 · 4	12 065 · 6
431 · 3	5 312 · 3	7 212 · 4	31 221 · 3	23 008 · 4

684 864 1 293 2 048 10 486 15 936 16 488 18 963 28 848 36 666 39 639 72 390 76 170 84 808 92 032 93 663

9 Rechne auch hier ohne Stellentafel.

a)	b)	c)	d)	e)
836 · 6	979 · 5	1 257 · 2	2 179 · 6	4 608 · 9
687 · 7	735 · 9	2 572 · 3	3 351 · 4	9 346 · 7
763 · 5	493 · 4	2 157 · 2	8 734 · 7	5 096 · 8

1 844 1 972 2 514 3 815 4 314 4 809 4 895 5 016 6 615 7 716 13 074 13 404 40 768 41 472 61 138 65 422

10 Die Ergebnisse der untereinander stehenden Aufgaben sind gleich.

a)	b)	c)	d)	e)
45 668 · 2	7 316 · 7	5 180 · 9	16 947 · 4	14 622 · 6
22 834 · 4	25 606 · 2	11 655 · 4	9 684 · 7	9 748 · 9
11 417 · 8	12 803 · 4	9 324 · 5	22 596 · 3	29 244 · 3

1 Denke an das Komma.

zu Seite 73

a)	b)	c)	d)
9,35 € · 6	9,89 € · 4	15,79 € · 4	12,07 € · 6
7,25 € · 4	6,79 € · 5	32,99 € · 5	27,09 € · 8
8,79 € · 7	4,28 € · 9	33,32 € · 6	35,49 € · 7
2,19 € · 8	3,27 € · 6	24,97 € · 6	49,99 € · 5

16,48 € 17,52 € 19,62 € 29,00 € 33,95 € 38,52 € 39,56 € 56,10 € 61,53 €
63,16 € 72,42 € 149,82 € 164,95 € 199,92 € 216,72 € 248,43 € 249,95 €

2 Anja kauft für ihre Geburtstagsfeier sieben Schachteln Kekse. Eine Schachtel kostet im Supermarkt 1,75 €. Wie teuer sind die sieben Schachteln?

3 Corinna kauft sechs Flaschen Apfelsaft. Eine Flasche kostet 1,19 €. Wie teuer sind die sechs Flaschen?

4 Wie viel Gramm sind es? Schreibe: 3 kg = 3 000 g

zu Seite 78

3 kg 7,5 kg 6,8 kg 2,7 kg 0,7 kg 4,2 kg 0,750 kg

5 Wie viel Kilogramm sind es? Schreibe mit Komma: 6 250 g = 6,250 kg

a)

6 250 g	8 000 g	4 500 g
7 350 g	9 100 g	6 650 g
9 075 g	5 400 g	7 120 g

b)

2 725 g	500 g	250 g
4 225 g	375 g	70 g
5 075 g	625 g	105 g

6 Rechne aus. Gib das Ergebnis in Kilogramm an.

a)	b)	c)
2 kg 400 g + 300 g	4 kg 800 g + 500 g	10 kg 600 g + 1 700 g
5 kg 350 g + 250 g	7 kg 700 g + 800 g	12 kg 500 g + 1 800 g
8 kg 200 g + 550 g	9 kg 600 g + 700 g	15 kg 800 g + 1 600 g

7 Wie viel Gramm fehlen bis 10 Kilogramm?

a)	b)	c)	d)
6 500 g	3 400 g	6 355 g	3 475 g
7 800 g	4 550 g	7 805 g	6 210 g
8 300 g	9 750 g	8 245 g	4 875 g
9 100 g	5 250 g	7 775 g	1 250 g

8 Wie viel Kilogramm sind es? Schreibe: 4 t = 4 000 kg

zu Seite 79

a)

4 t	8 t	10 t	3,5 t	7,2 t
6 t	3 t	15 t	4,6 t	9,3 t

b)

8,6 t	0,55 t	3,9 t	14,525 t	21,2 t
6,4 t	0,25 t	12,7 t	19,675 t	43,4 t

9 Wie viel Tonnen sind es? Schreibe mit Komma: 3 600 kg = 3,600 t oder kurz 3,6 t

a)

3 600 kg	2 500 kg	6 350 kg
4 800 kg	8 600 kg	12 650 kg

b)

10 175 kg	500 kg	150 kg
1 775 kg	750 kg	255 kg

10 Ein Lastwagen darf 3,5 t laden. Er soll 16 Kisten transportieren, jede Kiste wiegt 800 kg.

a) Wie viele Kisten kann der Lastwagen laden?

b) Wie oft muss der Lastwagen fahren?

11 Ein Lastwagen wiegt leer 21,9 t. Er hat vier Kisten geladen, jede wiegt 785 kg.

1 zu Seite 85

a) 24 000 | 480 000 : 2 | 4 | 6

b) 36 000 | 540 000 : 3 | 9 | 6

2

a) 3 000 : 6
4 900 : 7
2 500 : 5
6 300 : 9

b) 1 600 : 4
4 200 : 6
5 600 : 7
8 100 : 9

c) 2 800 : 4
1 500 : 5
1 200 : 6
3 600 : 6

d) 8 100 : 9
6 300 : 7
5 400 : 6
3 600 : 9

e) 6 400 : 8
4 800 : 6
2 400 : 3
1 500 : 5

3 Die Ergebnisse in einem Päckchen ergeben zusammen 200.

a) 18 000 : 200
18 000 : 900
63 000 : 700

b) 24 000 : 800
63 000 : 900
70 000 : 700

c) 30 000 : 300
24 000 : 400
20 000 : 500

d 35 000 : 500
40 000 : 800
48 000 : 600

e) 21 000 : 700
24 000 : 300
36 000 : 400

4 zu Seite 86 Die Ergebnisse in einem Päckchen ergeben zusammen 300.

a) 5 400 : 60
2 400 : 40
2 100 : 30
4 000 : 50

b) 2 800 : 40
5 600 : 70
3 000 : 50
4 500 : 50

c) 2 400 : 30
4 800 : 80
1 800 : 20
4 200 : 60

d) 6 300 : 90
3 200 : 40
2 700 : 30
1 800 : 30

e) 3 500 : 50
6 400 : 80
6 300 : 70
4 200 : 70

5 Die Ergebnisse in einem Päckchen ergeben zusammen immer 20.

a) 2 400 : 400
1 800 : 900
1 200 : 300
4 000 : 500

b) 1 800 : 600
1 500 : 500
1 600 : 200
4 800 : 800

c) 3 000 : 600
2 800 : 700
2 100 : 700
2 400 : 300

d) 6 400 : 800
2 400 : 600
3 500 : 700
2 700 : 900

e) 7 200 : 900
3 200 : 800
2 500 : 500
2 400 : 800

6

a) 240 000 | 480 000 : 20 | 40 | 60

b) 80 000 | 160 000 : 100 | 200 | 400

7

a) 320 000 | 640 000 : 40 | 400 | 4 000

b) 210 000 | 420 000 : 70 | 700 | 7 000

8 zu Seite 89 Erst das Grobe.

a) 693 : 3
654 : 3
963 : 3
768 : 3

b) 4 832 : 4
4 924 : 4
8 764 : 4
8 972 : 4

c) 8 622 : 6
9 864 : 6
9 636 : 6
9 216 : 6

d) 8 721 : 3
7 714 : 7
8 125 : 5
7 664 : 4

9

a) 46 772 : 4
46 776 : 3
54 328 : 4

b) 70 638 : 6
71 646 : 3
73 465 : 5

c) 98 736 : 8
84 355 : 5
73 956 : 3

11 693 11 773 12 342 12 442 13 582 14 693 15 592 16 871 23 882 24 652

10 zu Seite 91 Vorsicht! Nullen im Ergebnis.

a) 42 162 : 3
48 144 : 4
51 725 : 5

b) 30 216 : 6
50 456 : 7
37 854 : 6

c) 65 632 : 8
49 259 : 7
42 448 : 8

d) 57 060 : 9
43 260 : 6
21 360 : 4

5 036 5 306 5 340 6 309 6 340 7 037 7 208 7 210 8 204 9 204 10 345 12 036 14 054

Multiplizieren und Dividieren mit großen Zahlen

1 Aufgaben mit Rest.

zu Seite 92

a) 25 876 : 5
44 831 : 7
31 426 : 8
42 693 : 5

b) 34 967 : 4
54 987 : 6
27 344 : 9
41 247 : 8

c) 19 643 : 8
21 785 : 3
42 124 : 6
91 412 : 9

d) 24 216 : 5
60 536 : 9
63 158 : 7
57 376 : 8

e) 153 647 : 9
264 839 : 4
573 483 : 5
645 308 : 8

2 Dividiere alle Zahlen durch 5. Welche Reste-Körbe brauchst du? Sortiere.

a)	25 542	30 201	42 363	60 527	65 578	71 406
b)	18 348	26 154	36 619	40 708	55 214	84 559
c)	136 472	243 067	258 416	360 351	573 426	493 747
d)	170 317	107 315	343 274	516 641	546 323	564 965

3 Wie viel Euro kostet ein Kilogramm jeder Sorte?

zu Seite 93

a) 5 kg Apfelsinen kosten 6,75 €.
b) 3 kg Mandarinen kosten 5,28 €.
c) 5 kg Zwiebeln kosten 3,45 €.
d) 8 kg Kartoffeln kosten 6,00 €.

4

a) 6,25 € : 5
8,54 € : 7
6,18 € : 6

b) 10,71 € : 7
9,18 € : 6
12,75 € : 5

c) 61,53 € : 7
78,45 € : 5
88,86 € : 6

d) 36,96 € : 6
64,25 € : 5
55,44 € : 4

5

a) 226,35 € : 5
481,14 € : 3
337,50 € : 6

b) 304,64 € : 4
891,45 € : 7
432,00 € : 5

c) 605,58 € : 6
812,24 € : 8
524,00 € : 8

d) 1 041,57 € : 9
2 142,84 € : 7
6 591,00 € : 6

6

zu Seite 103

a) 6 417 · 36
5 428 · 54
2 894 · 82

b) 7 328 · 62
3 497 · 74
9 046 · 43

c) 4 709 · 48
8 053 · 87
3 896 · 56

218 176   226 032   231 012   237 308   237 380   258 778   293 112   388 978   454 336   700 611

7 Die Summe der beiden Produkte ist immer 450 000.

a) 798 · 320
811 · 240

b) 702 · 150
766 · 450

c) 435 · 780
738 · 150

d) 408 · 510
384 · 630

e) 990 · 270
435 · 420

8 Aufgepasst bei Nullen. Überschlage immer zuerst.

zu Seite 105

a) 635 · 408
308 · 570
483 · 605

b) 903 · 209
473 · 580
740 · 385

c) 634 · 507
807 · 209
573 · 648

168 663   175 560   188 727   259 080   274 340   284 900   292 215   292 251   321 438   371 304

9 Vier Produkte sind falsch. Prüfe mit dem Überschlag. Dann rechne richtig.

a) 438 · 307 = 103 466
b) 506 · 707 = 357 742
c) 528 · 405 = 21 384
d) 317 · 240 = 76 080
e) 827 · 460 = 38 420
f) 485 · 240 = 11 640